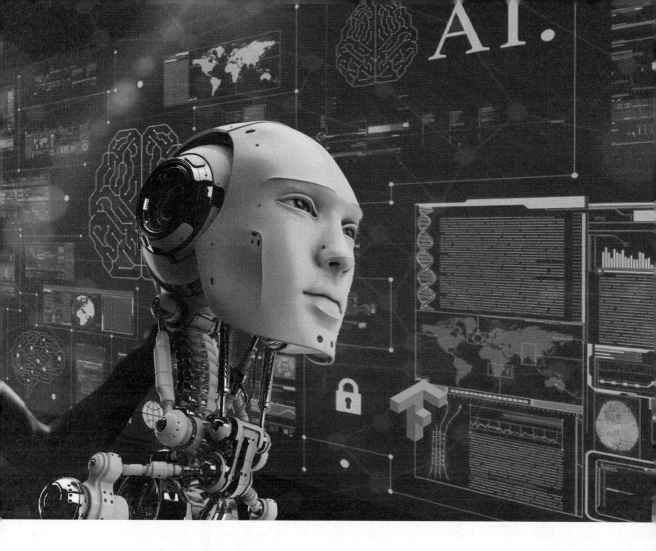

人工智能技术丛书

深度学习的数学原理与实现

王晓华 著

清华大学出版社
北京

内 容 简 介

深度学习已经进入我们的生活，云计算和大数据为深度学习提供了便利。本书主要讲解深度学习中的数学知识、算法原理和实现方法，配套源码、数据集和开发环境。

本书共 12 章。第 1 章介绍人类视觉和深度学习的联系。第 2 章介绍深度学习中最为重要的梯度下降算法。第 3 章介绍卷积函数。第 4 章介绍计算损失函数所使用的交叉熵、决策树和信息熵。第 5 章介绍线性回归和逻辑回归。第 6、7 章介绍时间序列模型和生成对抗网络。第 8 章介绍 TensorFlow 框架。第 9 章介绍推荐算法。第 10 章介绍深度学习中的标准化、正则化和初始化。第 11 章是案例人脸识别。第 12 章是词嵌入向量案例，介绍自然语言处理方面的应用。

本书理论和实践相结合，理论讲解细致直观，通过实例进行演示，可以使读者快速掌握本书内容。本书适合深度学习初学者、深度学习算法开发人员阅读，也适合高等院校和培训机构人工智能相关专业的师生参考。

图书在版编目（CIP）数据

深度学习的数学原理与实现 / 王晓华著. – 北京：清华大学出版社，2021.6（2022.6重印）
（人工智能技术丛书）
ISBN 978-7-302-58028-7

Ⅰ. ①深… Ⅱ. ①王… Ⅲ. ①机器学习 Ⅳ.①TP181

中国版本图书馆 CIP 数据核字（2021）第 078620 号

责任编辑：夏毓彦
封面设计：王　翔
责任校对：闫秀华
责任印制：刘海龙

出版发行：清华大学出版社
网　　　址：http://www.tup.com.cn，http://www.wqbook.com
地　　　址：北京清华大学学研大厦 A 座　　　　　邮　　编：100084
社 总 机：010-83470000　　　　　　　　　　　邮　　购：010-62786544
投稿与读者服务：010-62776969，c-service@tup.tsinghua.edu.cn
质量反馈：010-62772015，zhiliang@tup.tsinghua.edu.cn

印 装 者：三河市科茂嘉荣印务有限公司
经　　销：全国新华书店
开　　本：190mm×260mm　　　　印　张：13.75　　　字　　数：352 千字
版　　次：2021 年 6 月第 1 版　　　　　　　　　　印　　次：2022 年 6 月第 2 次印刷
定　　价：59.00 元

产品编号：091298-01

前　言

随着深度学习和人工智能的兴起，深度学习和人工智能引领了一个新的全行业的研究方向，改变了人类固有的处理问题和解决问题的方法和认知。目前各个领域都在处于使用深度学习进行重大突破的阶段，同时深度学习本身也具有巨大的发展空间。

深度学习作为目前最前沿的科技应用，近年来获得了非常高的发展速度，应用深度学习解决以往实践中的难题成为很多开发人员的首选。

目前市场上关于深度学习的书不少，然而基本上以应用居多，偶尔会涉及理论应用，但真正从理论出发，通过数学原理加理论的方式讲解一定公式的书却很少。

本书从深度学习的基础知识出发，对深度学习每个组成部分的原理进行介绍，并推导出其中的原理和数学公式。鉴于读者的水平可能参差不齐，笔者对每个公式和知识点都做了详细的讲解，可以说是手把手地向读者传授深度学习的理论知识。

本书并不是单纯的理论公式堆积，同时还准备了具体的实现代码，让读者学习知识的同时，能通过动手实践深入了解这些知识。

本书特色

讲解活泼，文字有趣，提高学习效率

本书以讲解深度学习数学原理和理论为基础，但是从写作方法和技巧上来看，本书写作风格活泼，讲解通俗易懂，便于读者理解。

运用多种写作技巧，激发读者阅读兴趣

本书应用多种写作手法，数学原理、公式推导、实现代码以及示图交相出现，便于读者理解。

主线贯穿，重点明确，脉络清晰

本书对全部知识点的脉络有一个清晰的主线，每个知识点都指明了核心要点和使用技巧，使阅读者能够明确重点。本书循序渐进地讲解原理，对其发展和改进技巧都做了明确介绍。

注重实战，拿来即用

本书所有的内容都有代码支持，具有很高的应用价值和参考性。其中的代码经稍加修改便可用于实际项目开发中。

本书内容知识体系

第1章 Hello World——从计算机视觉与人类视觉谈起

介绍人类视觉和深度学习的联系，引导读者进入深度学习知识体系的学习。

第2章 道士下山——故事的开始

本章介绍深度学习中最为重要的梯度下降算法，讲授其原理和实现方法，此章开始正式进入深度学习理论部分的学习。

第3章 猫还是狗——深度学习中的卷积与其他函数

本章对深度学习中的卷积函数原理和推导公式进行介绍，同时还介绍其用到的激活、分类以及池化函数。

第4章 水晶球的秘密——信息熵、决策树与交叉熵

本章介绍计算损失函数所使用的交叉熵、决策树和信息熵的内容。从本章开始作者有目的地引导读者学会对现有研究技术的改进，讲解从哪些方面去完善和改进现有技术。

第5章 Mission Impossible！——把不可能变成可能的机器学习

本章是机器学习部分，介绍线性回归和逻辑回归的基本方法和内容，以及近似计算的理论和计算原理。

第6章 书中自有黄金屋——横扫股市的时间序列模型

本章介绍时间序列模型的基本原理、使用方法以及后续的研究者对其的改进。

第7章 书中自有颜如玉——GAN is a girl

本章介绍对抗生成的基本原理以及使用方法、对抗生成原理的公式和其中相对熵的推导和实现，并且向读者展示了对抗生成原理在实际中的应用。

第8章 休息一下，Let's play TensorFlow

本章是一个演示章节，向读者介绍 TensorFlow 框架使用和对数据的可视化区分，向读者展示 TensorFlow 游乐场的秘密。感兴趣的读者可以在其中手动演示不同的参数对结果的影响。

第9章 你喜欢什么我全知道——推荐系统的原理

本章向读者介绍使用推荐引擎进行推荐的原理和方法，包括基于物品的推荐和基于用户的推荐，以及使用深度学习进行推荐的原理和方法。

第10章 整齐划一画个龙——深度学习中的标准化、正则化与初始化

对于深度学习来说，正则化是一个必不可少的手段和步骤。正则化的作用是将深度学习模型中的训练数据进行处理，以便模型在计算时能够更加容易地对数据进行拟合。本章介绍深度学习模型多种正则化的公式和应用。

第 11 章 众里寻她千百度——人脸识别的前世今生

人脸识别是目前最重要的一个深度学习应用方向。本章介绍人脸识别中最常用的 2 个深度学习模型，并以此为契机介绍一种新的三元激活函数——Triplet Loss，同时还不忘对 softmax 的温习和对 softmax 的改进。

第 12 章 梅西-阿根廷+意大利=？——有趣的词嵌入向量

词嵌入向量（Word Embedding）是目前最常用的深度学习自然语言处理的基础，也是最重要的一个应用，其开启了文本信息处理的通用模式。本章对词嵌入向量进行介绍，并且引导读者在常用 Python 代码的基础上使用少量 TensorFlow 程序进行文档分类。

源码下载与技术支持

本书配套的资源，请用微信扫描右边二维码获取，可按扫描出来的页面提示，把下载链接转到自己的邮箱中下载。如果学习本书过程中发现问题，请联系 booksaga@163.com，邮件主题为"深度学习的数学原理与实现"。

适合阅读本书的读者

- 深度学习算法和数学爱好人员；
- 深度学习算法开发人员；
- AI 学习与研究人员；
- 希望提高深度学习开发水平的人员；
- 专业培训机构的学员；
- 深度学习开发的项目经理。

王晓华

2021 年 3 月

目　　录

第1章

Hello World
——从计算机视觉与人类视觉谈起

长期以来，让计算机能看会听可以说是计算机科学家孜孜不倦追求的目标，其中最为基础的就是让计算机能够看见这个世界，赋予计算机一双和人类一样的眼睛，让它们也能看懂这个美好的世界，这也是激励笔者或者说激励整个为之奋斗的计算机工作者的重要力量。虽然目前计算机并不能达到动画片中变形金刚十分之一的能力，但是进步是不会停息的。

1.1 人类的视觉

1.1.1 人类视觉神经的启迪

20 世纪 50 年代，Torsten Wiesel 和 David Hubel 两位神经科学家在猫和猴子身上做了一项非常有名的关于动物视觉的实验（见图 1-1）。

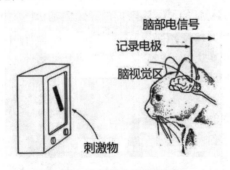

图 1-1 脑部连入电极的猫

实验中猫的头部被固定，视野只能落在一个显示屏区域，显示屏上会不时出现小光点或者划过小光条，而一条导线直接连入猫的脑部区域视觉皮层位置。

Torsten Wiesel 和 David Hubel 通过实验发现，当有小光点出现在屏幕上时，猫视觉皮层的一部分区域被激活，随着不同光点的闪现，不同脑部视觉神经区域被激活。当屏幕上出现光条时，则有更多的神经细胞被激活，区域也更为丰富。他们的研究还发现，有些脑部视觉细胞对于明暗对比非常敏感，对视野中光亮的方向（不是位置）和光亮移动的方向具有选择性。

自从 Torsten Wiesel 和 David Hubel 做的这个有名的脑部视觉神经实验之后，视觉神经科学（见图 1-2）正式被人们所确立。到目前为止，关于视觉神经的几个广为人们接受的观点是：

- 脑对视觉信息的处理是分层级的，低级脑区可能处理对边度、边缘什么的，高级脑区处理更抽象的人脸、房子、物体的运动之类的。信息被一层一层抽提出来往上传递进行处理。
- 大脑对视觉信息的处理也是并行的，不同的脑区提取出不同的信息干不同的活，有的负责处理这个物体是什么，有的负责处理这个物体是怎么动的。
- 脑区之间存在着广泛的联系，同时高级皮层对低级皮层也有很多反馈投射。
- 信息的处理普遍受到自上而下和自下而上的注意的调控。

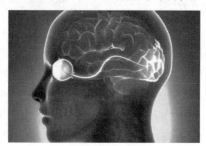

图 1-2　视觉神经科学

进一步的研究发现，当一个特定物体出现在视野的任意一个范围，某些脑部的视觉神经元会一直处于固定的活跃状态。从视觉神经科学解释就是人类的视觉辨识是从视网膜到脑皮层，神经系统从识别细微细小特征演变为目标识别。计算机如果拥有这么一个"脑皮层"对信号进行转换，那么计算机仿照人类拥有视觉就会变为现实。

1.1.2　计算机视觉的难点与人工神经网络

虽然通过大量的研究人类视觉的秘密逐渐被揭开，但是相同的想法和经验用于计算机上却并非易事。计算机识别往往有着严格的限制和规格，即使同一张图片或者场景，一旦光线甚至于观察角度发生变化，那么计算机的判别也会发生变化。对于计算机来说，识别 2 个独立的物体容易，但是在不同的场景下识别同一个物体则困难得多。

计算机视觉（见图 1-3）的核心在于如何忽略同一个物体内部的差异而强化不同物体之间的分别，即同一个物体相似而不同的物体之间有很大的差别。

图 1-3　计算机视觉

长期以来，对于解决计算机视觉识别问题，大量的研究人员投入了很多的精力，贡献了很多不同的算法和解决方案。经过不懈的努力和无数次尝试，最终计算机视觉研究人员发现，使用人工神经网络解决计算机视觉问题是最好的解决办法。

人工神经网络在 20 世纪 60 年代萌芽，但是限于当时的计算机硬件资源，其理论只能停留在简单的模型之上，无法全面发展和验证。

随着人们对人工神经网络的进一步研究，20 世纪 80 年代人工神经网络具有里程碑意义的理论基础"反向传播算法"的发明，将原本非常复杂的链式法则拆解为一个个独立的只有前后关系的连接层，并按各自的权重分配错误更新。这种方法使得人工神经网络从繁重的几乎不可能解决的样本计算中脱离出来，通过学习已有的数据统计规律，对未定位的事件做出预测。

随着研究的进一步深入，2006 年多伦多大学的 Geoffrey Hinton 在深层神经网络的训练上取得了突破。他首次证明了使用更多隐藏层和更多神经元的人工神经网络具有更好的学习能力。其基本原理就是使用具有一定分布规律的数据保证神经网络模型初始化，再使用监督数据在初始化好的网络上进行计算，使用反向传播对神经元进行优化调整。

1.1.3　应用深度学习解决计算机视觉问题

受这些前人研究的启发，"带有卷积结构的深度神经网络（CNN）"被大量应用于计算机视觉之中。这是一种仿照生物视觉的逐层分解算法，分配不同的层级对图像进行处理（见图 1-4）。例如：第一层检测物体的边缘、角点、尖锐或不平滑的区域，这一层几乎不包含语义信息；第二层基于第一层检测的结果进行组合，检测不同物体的位置、纹路、形状等，并将这些组合传递给下一层。以此类推，使得计算机和生物一样拥有视觉能力、辨识能力和精度。

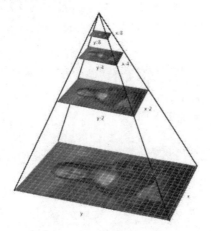

图 1-4　分层的视觉处理算法

因此，CNN 特别是基本原理和基础被视为计算机视觉的首选解决方案，这就是深度学习的一个应用。除此之外，深度学习应用于解决计算机视觉的还有其他优点，主要表现如下：

- 深度学习算法的通用性很强，在传统算法里面，针对不同的物体需要定制不同的算法。相比来看，基于深度学习的算法更加通用，比如在传统 CNN 基础上发展起来的 faster RCNN 在人脸、行人、一般物体检测任务上都可以取得非常好的效果（见图 1-5）。

- 深度学习获得的特征（Feature）有很强的迁移能力。所谓特征迁移能力，指的是在 A 任务上学习到一些特征，在 B 任务上使用也可以获得非常好的效果。例如，在 ImageNet（物体为主）上学习到的特征，在场景分类任务上也能取得非常好的效果。
- 工程开发、优化、维护成本低。深度学习计算主要是卷积和矩阵乘，针对这种计算优化，所有深度学习算法都可以提升性能。

图 1-5　计算机视觉辨识图片

1.2　计算机视觉学习的基础与研究方向

计算机视觉是一个专门教会计算机如何去"看"的学科，更进一步的说明就是使用机器替代生物眼睛去对目标进行识别，并在此基础上做出必要的图像处理，加工所需要的对象。

使用深度学习并不是一件简单的事，建立一个有真正能力的计算机视觉系统更不容易。从学科分类上来说，计算机视觉的理念在某些方面其实与其他学科有很大一部分重叠，其中包括人工智能、数字图像处理、机器学习、深度学习、模式识别、概率图模型、科学计算，以及一系列的数学计算等。这些领域亟须相关研究人员学习其中理论与内容，理解并找出规律，从而来揭示那些我们以前不曾注意的细节。

1.2.1　学习计算机视觉结构图

对于相关的研究人员，可以把使用深度学习解决计算机视觉的问题归纳成一个结构关系图（见图 1-6）。

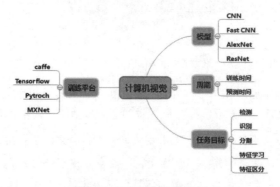

图 1-6　计算机视觉结构图

对于计算机视觉学习来说，选择一个好的训练平台是重中之重。因为对于绝大多数的学习者来说，平台的易用性以及便捷性往往决定着学习的成败。目前常用的平台是 TensorFlow、Caffe、PyTorch 等。

其次是模型的使用。自 2006 年深度学习的概念被确立以后，经过不断的探索与尝试，研究人员确立了模型设计是计算机视觉训练的核心内容，其中应用最为广泛的是 AlexNet、VGGNet、GoogleNet、ResNet 等。

除此之外，速度和周期也是需要考虑的非常重要的因素。如何使得训练速度更快、如何使用模型更快地对物体进行辨识也是计算机视觉中非常重要的问题。

所有的模型设计和应用核心的部分就是任务处理的对象，这里主要包括检测、识别、分割、特征点定位、序列学习五大任务，可以说任何计算机视觉的具体应用都是由这五个任务之一或者这五个任务组合而成的。

1.2.2　计算机视觉的学习方式和未来趋势

"给计算机连上一个摄像头，让计算机描述它看到了什么。"这是计算机视觉作为一门学科被提出时就设定的目标，如今还是有大量的研究人员为这个目标孜孜不倦地工作着。

拿出一张图片，上面是一只狗，之后再拿出一张猫的图片，让一个人去辨识（见图 1-7）。无论图片上的猫或者狗的形象与种类如何，人类总是能够精确地区分图片是猫还是狗，把这种带有标注的图片送到神经网络模型中去学习的方式就称为"监督学习"。

图 1-7　猫 VS 狗

虽然目前在监督学习的计算机视觉领域深度学习取得了重大成果，但是相对于生物视觉学习和分辨方式的"半监督学习"和"无监督学习"上，还有更多更重大的内容急待解决，比如视频里物体的运动、行为存在特定规律；在一张图片里，一个动物也是有特定结构的，利用这些视频或图像中特定的结构可以把一个无监督的问题转化为一个有监督的问题，然后利用有监督学习的方法来学习。这是计算机视觉的学习方式。

MIT 给机器"看电视剧"预测人类行为，MIT 的人工智能为视频配音，迪士尼研究院可以让 AI 直接识别视频里正在发生的事。除此之外，计算机视觉还可应用在那些人类能力所限、感觉器官不能及的领域和单调乏味的工作上——在微笑瞬间自动按下快门，帮助汽车驾驶员泊车入位，捕捉身体的姿态与电脑游戏互动，工厂中准确地焊接部件并检查缺陷，忙碌的购物季节帮助仓库分拣商品，离开家时扫地机器人清洁房间，自动将数码照片进行识别分类。

或许在不久的将来（见图 1-8），超市电子秤在称重的同时就能辨别出蔬菜的种类；门禁系统能分辨出带着礼物的朋友，或是手持撬棒即将行窃的歹徒；可穿戴设备和手机帮助我们识别出镜头中的任何物体并搜索出相关信息。更奇妙的是，它还能超越人类双眼的感官，用声波、红外线来感知这个世界，观察云层的汹涌起伏预测天气，监测车辆的运行调度交通，甚至突破我们的想象，帮助理论物理学家分析超过三维空间的物体运动。这些似乎并不遥远。

图 1-8   计算机视觉的未来

1.3   本章小结

在写作本书的时候应用深度学习作为计算机视觉的解决方案已经得到共识，深度神经网络已经明显地优于其他学习技术以及设计出的特征提取计算方法。神经网络的发展浪潮已经迎面而来，在过去的历史发展中，深度学习、人工神经网络以及计算机视觉大量借鉴和使用了人类以及其他生物视觉神经方面的知识和内容，而且得益于最新的计算机硬件水平的提高，更多的数据集的收集以及能够设计的更深的神经网络计算使得深度学习的普及性和应用性都有了非常大的发展。充分利用这些资源，进一步提高使用深度学习进行计算机视觉的研究并将其带到一个新的高度是本书写作的目的和对读者的期望。

第2章

道士下山——故事的开始

深度学习是目前以及可以预见的将来最为重要也是最有发展前景的一个学科,而深度学习的基础则是神经网络,神经网络在本质上是一种无须事先确定输入输出之间映射关系的数学方程,仅通过自身的训练,学习某种规则,在给定输入值时得到最接近期望输出值的结果。

作为一种智能信息处理系统,人工神经网络实现其功能的核心是反向传播(Back Propagation,简称 BP)神经网络(见图 2-1)。BP 神经网络是一种按误差反向传播(简称误差反传)训练的多层前馈网络,基本思想是梯度下降法,利用梯度搜索技术,以期使得网络的实际输出值和期望输出值的误差均方差为最小。

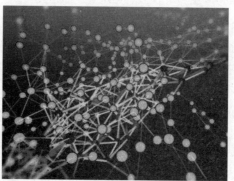

图 2-1 BP 神经网络

本章将从 BP 神经网络的开始说起,全面介绍其概念、原理以及背后的数学原理。本章也是故事的开始。

2.1 BP 神经网络简介

在介绍 BP 神经网络之前,人工神经网络是必须提到的内容。人工神经网络(Artificial Neural

Network，ANN）的发展经历了大约半个世纪，从 20 世纪 40 年代初到 20 世纪 80 年代，神经网络的研究经历了低潮和高潮几起几落的发展过程。

1943 年，心理学家 W•McCulloch 和数理逻辑学家 W•Pitts 在分析、总结神经元基本特性的基础上提出了神经元的数学模型（McCulloch-Pitts 模型，简称 MP 模型），标志着神经网络研究的开始。受当时研究条件的限制，很多工作不能模拟，在一定程度上影响了 MP 模型的发展。尽管如此，MP 模型对后来的各种神经元模型及网络模型都有很大的启发作用，在此后的 1949 年，D.O.Hebb 从心理学的角度提出了至今仍对神经网络理论有着重要影响的 Hebb 法则。

1945 年，冯•诺依曼领导的设计小组试制成功存储程序式电子计算机，标志着电子计算机时代的开始。1948 年，他在研究工作中比较了人脑结构与存储程序式计算机的根本区别，提出了以简单神经元构成的再生自动机网络结构。但是，由于指令存储式计算机技术的发展非常迅速，迫使他放弃了神经网络研究的新途径，继续投身于指令存储式计算机技术的研究，并在此领域做出了巨大贡献。虽然冯•诺依曼的名字是与普通计算机联系在一起的，但他也是人工神经网络研究的先驱（见图 2-2）之一。

图 2-2   人工神经网络研究的先驱

1958 年，F•Rosenblatt 设计制作了"感知机"，它是一种多层的神经网络。这项工作首次把人工神经网络的研究从理论探讨付诸工程实践。感知机由简单的阈值性神经元组成，初步具备了诸如学习、并行处理、分布存储等神经网络的一些基本特征，从而确立了从系统角度进行人工神经网络研究的基础。

1959 年，B.Widrow 和 M.Hoff 提出了自适应线性元件网络（ADAptive LInear NEuron，ADALINE），这是一种连续取值的线性加权求和阈值网络。后来，在此基础上发展了非线性多层自适应网络。Widrow-Hoff 的技术被称为最小均方误差（Least Mean Square，LMS）学习规则。从此神经网络的发展进入第一个高潮期。

在有限范围内感知机有较好的功能，并且收敛定理得到证明。单层感知机能够通过学习把线性可分的模式分开，但对像 XOR（异或）这样简单的非线性问题却无法求解，这一点让人们大失所望，甚至开始怀疑神经网络的价值和潜力。

1969 年，麻省理工学院著名的人工智能专家 M.Minsky 和 S.Papert 出版了颇有影响力的 *Perceptron* 一书，从数学上剖析了简单神经网络的功能和局限性，并且指出多层感知器还不能找到有效的计算方法，M.Minsky 在学术界的地位和影响，其悲观的结论被大多数人所接受（这些人并未做进一步的分析）；加上当时以逻辑推理为研究基础的人工智能和数字计算机的辉煌成就，大大减低了人们对神经网络研究的热情。

20 世纪 60 年代末期，人工神经网络的研究进入了低潮。尽管如此，神经网络的研究并未完全停顿下来，仍有不少学者在极其艰难的条件下致力于这一研究。

1972 年，T.Kohonen 和 J.Anderson 不约而同地提出具有联想记忆功能的新神经网络。1973 年，S.Grossberg 与 G.A.Carpenter 提出了自适应共振理论（Adaptive Resonance Theory，ART），并在以后的若干年内发展了 ART1、ART2、ART3 这 3 个神经网络模型，从而为神经网络研究的发展奠定了理论基础。

20 世纪 80 年代，特别是 80 年代末期，对神经网络的研究从复兴很快转入了新的热潮。主要是因为：一方面经过十几年迅速发展的、以逻辑符号处理为主的人工智能理论和冯·诺依曼计算机在处理诸如视觉、听觉、形象思维、联想记忆等智能信息处理问题上受到了挫折；另一方面，并行分布处理的神经网络本身的研究成果使人们看到了新的希望。

1982 年，美国加州工学院的物理学家 J.Hoppfield 提出了 HNN（Hoppfield Neural Network）模型，并首次引入了网络能量函数概念，使网络稳定性研究有了明确的判据，其电子电路实现为神经计算机的研究奠定了基础，同时也开拓了神经网络用于联想记忆和优化计算的新途径。

1983 年，K.Fukushima 等提出了神经认知机网络理论；D.Rumelhart 和 J.McCelland 等提出了 PDP（Parallel Distributed Processing）理论，致力于认知微观结构的探索，同时发展了多层网络的 BP 算法，使 BP 网络成为目前应用最广的网络。1985 年，D.H.Ackley、G.E.Hinton 和 T.J.Sejnowski 将模拟退火概念移植到 Boltzmann 机模型的学习之中，以保证网络能收敛到全局最小值。

反向传播（Back Propagation，如图 2-3 所示）一词的使用出现在 1983 年后，它的广泛使用是在 1985 年 D.Rumelhart 和 J.McCelland 所著的 *Parallel Distributed Processing* 这本书出版以后。1987 年，T.Kohonen 提出了自组织映射（Self-Organizing Map，SOM）。1987 年，美国电气和电子工程师学会 IEEE（Institute for Electrical and Electronic Engineers）在圣地亚哥（San Diego）召开了盛大规模的神经网络国际学术会议，国际神经网络学会（International Neural Networks Society）随之诞生。

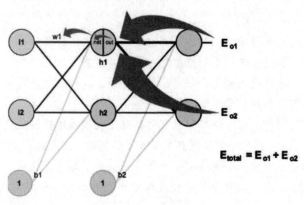

图 2-3　反向传播

1988 年，国际神经网络学会的正式杂志 *Neural Networks* 创刊；从 1988 年开始，国际神经网络学会和 IEEE 每年联合召开一次国际学术年会。1990 年，IEEE 神经网络会刊问世，各种期刊的神经网络特刊层出不穷，神经网络的理论研究和实际应用进入一个蓬勃发展的时期。

BP 神经网络（见图 2-4）的代表者是 D.Rumelhart 和 J.McCelland。BP 神经网络是一种按误差逆传播算法训练的多层前馈网络，是目前应用最广泛的神经网络模型之一。

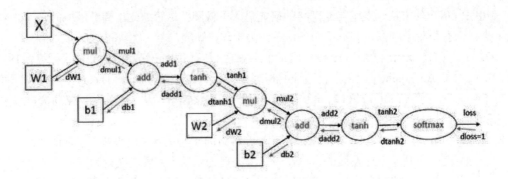

图 2-4　BP 神经网络

BP 算法（反向传播算法）的学习过程由信息的正向传播和误差的反向传播两个过程组成。

- 输入层：各神经元负责接收来自外界的输入信息，并传递给中间层的各神经元。
- 中间层：中间层是内部信息处理层负责信息变换，根据信息变化能力的需求，中间层可以设计为单隐藏层或者多隐藏层结构。
- 最后一个隐藏层：传递到输出层各神经元的信息，经进一步处理后完成一次学习的正向传播处理过程，由输出层向外界输出信息处理结果。

当实际输出与期望输出不符时，进入误差的反向传播阶段。误差通过输出层按误差梯度下降的方式修正各层权值，向隐藏层、输入层逐层反传。周而复始的信息正向传播和误差反向传播过程是各层权值不断调整的过程，也是神经网络学习训练的过程，此过程一直进行到网络输出的误差减少到可以接受的程度，或者预先设定的学习次数为止。

目前神经网络的研究方向和应用很多，反映了多学科交叉技术领域的特点，主要的研究工作集中在以下几个方面：

- 生物原型研究：从生理学、心理学、解剖学、脑科学、病理学等生物科学方面研究神经细胞、神经网络、神经系统的生物原型结构及其功能机理。
- 建立理论模型：根据生物原型的研究，建立神经元、神经网络的理论模型，其中包括概念模型、知识模型、物理化学模型、数学模型等。
- 网络模型与算法研究：在理论模型研究的基础上构建具体的神经网络模型，以实现计算机模拟或硬件的仿真，并且还包括网络学习算法的研究。这方面的工作也称为技术模型研究。
- 人工神经网络应用系统：在网络模型与算法研究的基础上，利用人工神经网络组成实际的应用系统。例如，完成某种信号处理或模式识别的功能、构建专家系统、制造机器人等。

纵观当代新兴科学技术的发展历史，人类在征服宇宙空间、基本粒子、生命起源等科学技术领域的进程中历经了崎岖不平的道路。我们也会看到，探索人脑功能和神经网络的研究将伴随着重重困难的克服而日新月异。

2.2 BP 神经网络的两个基础算法详解

在正式介绍 BP 神经网络之前，需要首先介绍两个非常重要的算法，即随机梯度下降算法和最小二乘法。

最小二乘法是统计分析中最常用的逼近计算的一种算法，其交替计算结果使得最终结果尽可能逼近真实结果。随机梯度下降算法是其充分利用了深度学习的运算特性的迭代和高效性，通过不停地判断和选择当前目标下最优路径，使得能够在最短路径下达到最优结果，从而提高大数据的计算效率。

2.2.1 最小二乘法

最小二乘法（LS 算法）是一种数学优化技术，也是一种机器学习常用算法。它通过最小化误差的平方和寻找数据的最佳函数匹配。利用最小二乘法可以简便地求得未知的数据，并使得这些求得的数据与实际数据之间误差的平方和为最小。最小二乘法还可用于曲线拟合。其他一些优化问题也可通过最小化能量或最大化熵用最小二乘法来表达。

最小二乘法不是本章的重点内容，下面通过图 2-5 演示一下 LS 算法的原理。

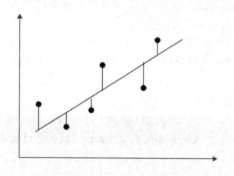

图 2-5　最小二乘法原理

从图 2-5 可以看到，若干个点依次分布在向量空间中，如果希望找出一条直线和这些点达到最佳匹配，那么最简单的一个方法就是希望这些点到直线的值最小，即下面最小二乘法实现公式最小。

$$f(\mathrm{x}) = a x + b$$

$$\delta = \sum (f(\mathrm{x}_i) - \mathrm{y}_i)^2$$

这里直接引用的是真实值与计算值之间的差的平方和，具体而言，这种差值有一个专门的名称为"残差"。基于此，表达残差的方式有以下 3 种：

- ∞-范数：残差绝对值的最大值 $\max\limits_{1 \leq i \leq m} |r_i|$，即所有数据点中残差距离的最大值。
- L1-范数：绝对残差和 $\sum_{i=1}^{m} |r_i|$，即所有数据点残差距离之和。
- L2-范数：残差平方和 $\sum_{i=1}^{m} r_i^2$。

可以看到，所谓的最小二乘法也就是 L2 范数的一个具体应用。通俗地说，就是看模型计算出的结果与真实值之间的相似性。

因此，最小二乘法的定义可由如下定义：

对于给定的数据 $(x_i, y_i)(i=1,\ldots,m)$，在取定的假设空间 H 中，求解 $f(x) \in H$，使得残差 $\delta = \sum (f(x_i) - y_i)^2$ 的 2-范数最小。

看到这里可能有人又会提出疑问，这里的 $f(x)$ 又该如何表示呢？

实际上函数 $f(x)$ 是一条多项式函数曲线：

$$f(x, w) = w_0 + w_1 x^1 + w_2 x^2 + w_3 x^3 + \cdots + w_n x^n \qquad (w_n \text{为一系列权重})$$

由上面的公式我们知道，所谓的最小二乘法就是找到这么一组权重 w，使得 $\delta = \sum (f(x_i) - y_i)^2$ 最小。那么问题又来了，如何能使得最小二乘法最小呢？

对于求出最小二乘法的结果，可以通过数学上的微积分处理方法，这是一个求极值的问题，只需要对权值依次求偏导数，最后令偏导数为 0，即可求出极值点。

$$\frac{\partial J}{\partial w_0} = \frac{1}{2m} * 2 \sum_1^m (f(x) - y) * \frac{\partial (f(x))}{\partial w_0} = \frac{1}{m} \sum_1^m (f(x) - y) = 0$$

$$\frac{\partial J}{\partial w_1} = \frac{1}{2m} * 2 \sum_1^m (f(x) - y) * \frac{\partial (f(x))}{\partial w_1} = \frac{1}{m} \sum_1^m (f(x) - y) * x = 0$$

$$\ldots$$

$$\frac{\partial J}{\partial w_n} = \frac{1}{2m} * 2 \sum_1^m (f(x) - y) * \frac{\partial (f(x))}{\partial w_n} = \frac{1}{m} \sum_1^m (f(x) - y) * x = 0$$

具体实现了最小二乘法的代码如下所示。

【程序 2-1】

```
import numpy as np
from matplotlib import pyplot as plt

A = np.array([[5],[4]])
C = np.array([[4],[6]])
B = A.T.dot(C)
AA = np.linalg.inv(A.T.dot(A))
l=AA.dot(B)
P=A.dot(l)
x=np.linspace(-2,2,10)
x.shape=(1,10)
xx=A.dot(x)
fig = plt.figure()
ax= fig.add_subplot(111)
ax.plot(xx[0,:],xx[1,:])
ax.plot(A[0],A[1],'ko')
ax.plot([C[0],P[0]],[C[1],P[1]],'r-o')
ax.plot([0,C[0]],[0,C[1]],'m-o')
ax.axvline(x=0,color='black')
ax.axhline(y=0,color='black')
```

```
margin=0.1
ax.text(A[0]+margin, A[1]+margin, r"A",fontsize=20)
ax.text(C[0]+margin, C[1]+margin, r"C",fontsize=20)
ax.text(P[0]+margin, P[1]+margin, r"P",fontsize=20)
ax.text(0+margin,0+margin,r"O",fontsize=20)
ax.text(0+margin,4+margin, r"y",fontsize=20)
ax.text(4+margin,0+margin, r"x",fontsize=20)
plt.xticks(np.arange(-2,3))
plt.yticks(np.arange(-2,3))
ax.axis('equal')
plt.show()
```

最终结果如图 2-6 所示。

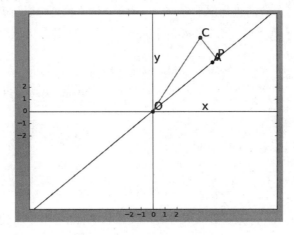

图 2-6　最小二乘法拟合曲线

2.2.2　梯度下降法

在介绍随机梯度下降算法之前，给大家讲一个道士下山的故事，请看图 2-7。

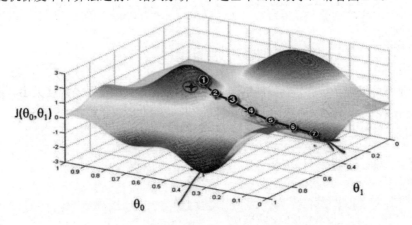

图 2-7　模拟随机梯度下降算法的演示图

这是一个模拟随机梯度下降算法的演示图。为了便于理解，我们将其比喻成道士想要出去游玩的一座山。

设想道士有一天和道友一起到一座不太熟悉的山上去玩，在兴趣盎然中很快登上了山顶。但是天有不测，下起了雨。如果这时需要道士和其同来的道友用最快的速度下山，那么怎么办呢？

想以最快的速度下山，最快的办法就是顺着坡度最陡峭的地方走下去。由于不熟悉路，道士在下山的过程中每走过一段路程就需要停下来观望，从而选择最陡峭的下山路。这样一路走下来的话，可以在最短时间内走到山下。

从图 2-7 的标注可以近似地表示为：

①→②→③→④→⑤→⑥→⑦

每个数字代表每次停顿的地点，这样只需要在每个停顿的地点选择最陡峭的下山路即可。

这就是道士下山的故事，随机梯度下降算法和这个类似。如果想要使用最迅捷的下山方法，那么最简单的办法就是在下降一个梯度的阶层后寻找一个当前获得的最大坡度继续下降。这就是随机梯度算法的原理。

从上面的例子可以看到，随机梯度下降算法就是不停地寻找某个节点中下降幅度最大的那个趋势进行迭代计算，直到将数据收缩到符合要求的范围为止。通过数学公式表达的方式计算的话，公式如下：

$$f(\theta) = \theta_0 x_0 + \theta_1 x_1 + \ldots + \theta_n x_n = \sum \theta_i x_i$$

前面我们通过最小二乘法说明了直接求解最优化变量的方法，也介绍了在求解过程中的前提条件是要求计算值与实际值的偏差平方最小。在随机梯度下降算法中，需要通过不停地求解出当前位置下最优化的数据当作系数，用数学方式表达的话就是不停地对系数 θ 求偏导数，即：

$$\frac{\partial f(\theta)}{\partial w_n} = \frac{1}{2m} * 2 \sum_1^m (f(\theta) - y) * \frac{\partial(f(x\theta))}{\partial \theta} = \frac{1}{m} \sum_1^m (f(\theta) - y) * x$$

公式中的 θ 会向着梯度下降的最快方向减少，从而推断出 θ 的最优解。

因此，随机梯度下降算法最终被归结为：通过迭代计算特征值，从而求出最合适的值。θ 求解的公式如下：

$$\theta = \theta - a(f(\theta) - y_i)x_i$$

其中，a 是下降系数，用较为通俗的话表示就是用来计算每次下降的幅度大小。系数越大，每次计算中的差值较大；系数越小，差值越小，但是计算时间也相对延长。

将随机梯度下降算法通过一个模型来表示，如图 2-8 所示。

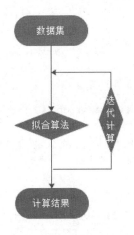

图 2-8　随机梯度下降算法过程

从图 2-8 中可以看到，实现随机梯度下降算法的关键是拟合算法的实现。本例的拟合算法实现较为简单，通过不停地修正数据值来达到数据的最优值。

随机梯度下降算法在神经网络特别是机器学习中应用较广，但是由于其天生的缺陷，噪声较多，使得在计算过程中并不是都向着整体最优解的方向优化，往往可能只是一个局部最优解。为了克服这些困难，最好的办法就是增大数据量，在不停地使用数据进行迭代处理的时候能够确保整体的方向是全局最优解，或者最优结果在全局最优解附近。

【程序 2-2】

```
x = [(2, 0, 3), (1, 0, 3), (1, 1, 3), (1,4, 2), (1, 2, 4)]
y = [5, 6, 8, 10, 11]
epsilon = 0.002
alpha = 0.02
diff = [0, 0]
max_itor = 1000
error0 = 0
error1 = 0
cnt = 0
m = len(x)
theta0 = 0
theta1 = 0
theta2 = 0
while True:
    cnt += 1
    for i in range(m):
        diff[0] = (theta0 * x[i][0] + theta1 * x[i][1] + theta2 * x[i][2]) - y[i]
        theta0 -= alpha * diff[0] * x[i][0]
        theta1 -= alpha * diff[0] * x[i][1]
        theta2 -= alpha * diff[0] * x[i][2]
    error1 = 0
    for lp in range(len(x)):
        error1 += (y[lp] - (theta0 + theta1 * x[lp][1] + theta2 * x[lp][2])) ** 2 /
```

```
2
    if abs(error1 - error0) < epsilon:
        break
    else:
        error0 = error1
print('theta0 : %f, theta1 : %f, theta2 : %f, error1 : %f' % (theta0, theta1, theta2,
error1))
print('Done: theta0 : %f, theta1 : %f, theta2 : %f' % (theta0, theta1, theta2))
print('迭代次数: %d' % cnt)
```

最终结果打印如下：

```
theta0 : 0.100684, theta1 : 1.564907, theta2 : 1.920652, error1 : 0.569459
Done: theta0 : 0.100684, theta1 : 1.564907, theta2 : 1.920652
迭代次数: 24
```

从结果上看，迭代 24 次即可获得最优解。

2.3　反馈神经网络反向传播算法

反向传播算法是神经网络的核心与精髓，在神经网络算法中具有举足轻重的作用。

用通俗的话说，所谓的反向传播算法就是复合函数的链式求导法则的强大应用，而且实际上的应用比理论上的推导强大得多。本节将主要介绍反向传播算法的一个最简单模型的推导，虽然模型简单，但是这个简单的模型是其应用最为广泛的基础。

2.3.1　深度学习基础

机器学习在理论上可以看作是统计学在计算机科学上的一个应用。在统计学上，一个非常重要的内容就是拟合和预测，即基于以往的数据，建立光滑的曲线模型，实现数据结果与数据变量的对应关系。

深度学习为统计学的应用，同样是为了寻找结果与影响因素的一一对应关系，只不过样本点由狭义的 x 和 y 扩展到向量、矩阵等广义的对应点。此时，数据复杂了，对应关系模型的复杂度也随之增加，而不能使用一个简单的函数表达。

数学上通过建立复杂的高次多元函数解决复杂模型拟合的问题，但是大多数都会失败，因为过于复杂的函数式是无法进行求解的，也就是其公式的获取不可能。

基于前人的研究，科研工作人员发现可以通过神经网络来表示这样的一一对应关系，而神经网络本质就是一个多元复合函数，通过增加神经网络的层次和神经单元，可以更好地表达函数的复合关系。

图 2-9 是多层神经网络的一个图形表示方式，这与我们在 TensorFlow 游乐场中看到的神经网络模型类似。事实上也是如此，通过设置输入层、隐藏层与输出层可以形成一个多元函数以求解相关问题。

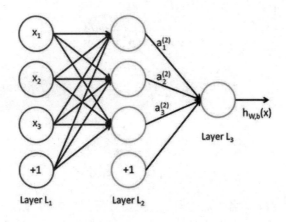

图 2-9　多层神经网络的表示

通过数学表达式将多层神经网络模型表达出来，公式如下：

$$a_1 = f(w_{11} \times x_1 + w_{12} \times x_2 + w_{13} \times x_3 + b_1)$$
$$a_2 = f(w_{21} \times x_1 + w_{22} \times x_2 + w_{23} \times x_3 + b_2)$$
$$a_3 = f(w_{31} \times x_1 + w_{32} \times x_2 + w_{33} \times x_3 + b_3)$$
$$h(x) = f(w_{11} \times a_1 + w_{12} \times a_2 + w_{13} \times a_3 + b_1)$$

其中，x 是输入数值，w 是相邻神经元之间的权重，也就是神经网络在训练过程中需要学习的参数。与线性回归类似的是，神经网络学习同样需要一个"损失函数"，即训练目标通过调整每个权重值 w 使得损失函数最小。前面在讲解梯度下降算法的时候已经说过，如果权重过多或者指数过大，直接求解系数是一个不可能的事情，因此梯度下降算法是能够求解权重问题比较好的方法。

2.3.2　链式求导法则

在前面梯度下降算法的介绍中，没有对其背后的原理做出更为详细的介绍。实际上梯度下降算法就是链式法则的一个具体应用，如果把前面公式中损失函数以向量的形式表示为：

$$h(x) = f(w_{11}, w_{12}, w_{13}, w_{14}, \dots, w_{ij})$$

那么其梯度向量为：

$$\nabla h = \frac{\partial f}{\partial W_{11}} + \frac{\partial f}{\partial W_{12}} + \dots + \frac{\partial f}{\partial W_{ij}}$$

可以看到，其实所谓的梯度向量就是求出函数在每个向量上的偏导数之和。这也是链式法则善于解决的方面。

下面以 $e=(a+b) \times (b+1)$ 为例子，其中 $a=2$、$b=1$，计算其偏导数，如图 2-10 所示。

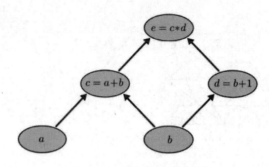

图 2-10 $e=(a+b) \times (b+1)$ 示意图

本例中为了求得最终值 e 对各个点的梯度，需要将各个点与 e 联系在一起，例如期望求得 e 对输入点 a 的梯度，则只需要求得：

$$\frac{\partial e}{\partial a} = \frac{\partial e}{\partial c} \times \frac{\partial c}{\partial a}$$

这样就把 e 与 a 的梯度联系在一起，同理可得：

$$\frac{\partial e}{\partial b} = \frac{\partial e}{\partial c} \times \frac{\partial c}{\partial b} + \frac{\partial e}{\partial d} \times \frac{\partial d}{\partial b}$$

用图表示如图 2-11 所示。

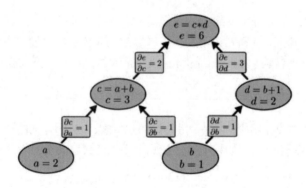

图 2-11 链式法则的应用

这样做的好处是显而易见的，求 e 对 a 的偏导数只要建立一个 e 到 a 的路径，图中经过 c，那么通过相关的求导链接就可以得到所需要的值。对于求 e 对 b 的偏导数，也只需要建立所有 e 到 b 路径中的求导路径，从而获得需要的值。

2.3.3 反馈神经网络原理与公式推导

在求导过程中，可能有读者已经注意到，如果拉长了求导过程或者增加了其中的单元，就会大大增加其中的计算过程，即很多偏导数的求导过程会被反复计算，因此在实际中对于权值达到上十万或者上百万的神经网络来说，这样的重复冗余所导致的计算量是很大的。

同样是为了求得对权重的更新，反馈神经网络算法将训练误差 E 看作以权重向量每个元素为变量的高维函数，通过不断更新权重，寻找训练误差的最低点，按误差函数梯度下降的方向更新权值。

首先求得最后的输出层与真实值之间的差距，如图 2-12 所示。

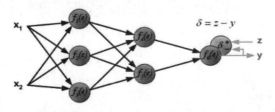

图 2-12 反馈神经网络最终误差的计算

之后以计算出的测量值与真实值为起点，反向传播到上一个节点，并计算出节点的误差值，如图 2-13 所示。

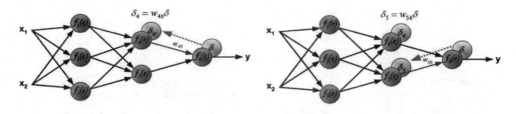

图 2-13 反馈神经网络输出层误差的传播

以后将计算出的节点误差重新设置为起点，依次向后传播误差，如图 2-14 所示。

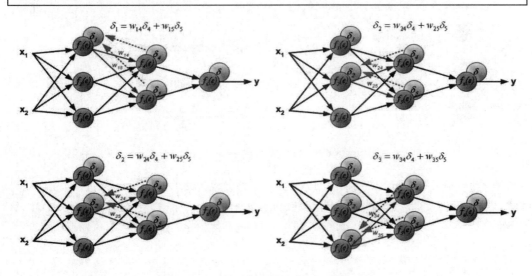

图 2-14 反馈神经网络隐藏层误差的计算

通俗地解释，一般情况下误差的产生是由于输入值与权重的计算产生了错误，而对于输入值来说，输入值往往是固定不变的，因此对于误差的调节，需要对权重进行更新。权重的更新又是以输入值与真实值的偏差为基础的，当最终层的输出误差被反向一层层地传递回来后，每个节点被相应地分配适合其在神经网络中所担负的误差，即只需要更新其所需承担的误差量，如图 2-15 所示。

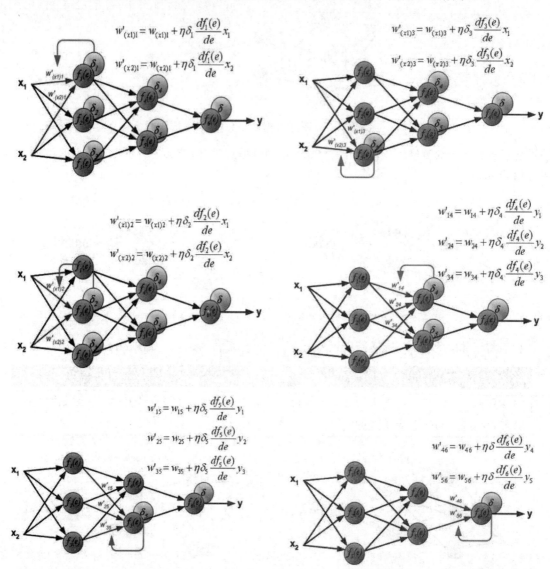

图 2-15　反馈神经网络权重的更新

在每一层，需要维护输出对当前层的微分值，该微分值相当于被复用于之前每一层里权值的微分计算。因此，空间复杂度没有变化，同时也没有重复计算，每一个微分值都在之后的迭代中使用。

下面介绍一下公式的推导。公式的推导要用到一些高等数学的知识，读者可以自由选择学习这一部分。

首先是算法的分析，前面已经说过，反馈神经网络算法主要需要知道输出值与真实值之前的差值。

- 对于输出层单元，误差项是真实值与模型计算值之间的差值。
- 对于隐藏层单元，由于缺少直接的目标值来计算隐藏层单元的误差，因此需要以间接的方式来计算隐藏层的误差项，即对受隐藏层单元影响的每一个单元的误差进行加权求和。
- 权值的更新方面，主要依靠学习速率、该权值对应的输入以及单元的误差项。

定义一：前向传播算法

对于前向传播的值传递，隐藏层输出值的定义如下：

$$a_h^{HI} = W_h^{HI} \times X_i$$
$$b_h^{HI} = f(a_h^{HI})$$

其中，X_i 是当前节点的输入值，W_h^{HI} 是连接到此节点的权重，a_h^{HI} 是输出值。f 是当前阶段的激活函数，b_h^{HI} 为当前节点的输入值经过计算后被激活的值。

对于输出层，定义如下：

$$a_k = \sum W_{hk} \times b_h^{HI}$$

其中，W_{hk} 为输入的权重，b_h^{HI} 为输入到输出节点的输入值。这里对所有输入值进行权重计算后求得和值，作为神经网络的最后输出值 a_k。

定义二：反向传播算法

与前向传播类似，首先需要定义两个值 δ_k 与 δ_h^{HI}：

$$\delta_k = \frac{\partial L}{\partial a_k} = (Y - T)$$

$$\delta_h^{HI} = \frac{\partial L}{\partial a_h^{HI}}$$

其中，δ_k 为输出层的误差项，其计算值为真实值与模型计算值之间的差值；Y 是计算值；T 是输出真实值；δ_h^{HI} 为输出层的误差。

提　示
对于 δ_k 与 δ_h^{HI} 来说，无论定义在哪个位置，都可以看作当前的输出值对于输入值的梯度计算。

通过前面的分析可知，所谓的神经网络反馈算法就是逐层将最终误差进行分解，即每一层只与下一层打交道，如图 2-16 所示。据此可以假设每一层均为输出层的前一个层级，通过计算前一个层级与输出层的误差得到权重的更新。

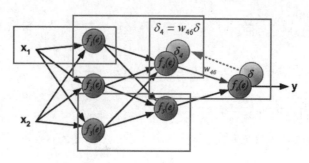

图 2-16　权重的逐层反向传导

因此，反馈神经网络计算公式定义为：

$$\delta_h^{HI} = \frac{\partial L}{\partial a_h^{HI}}$$

$$= \frac{\partial L}{\partial b_h^{HI}} \times \frac{\partial b_h^{HI}}{\partial a_h^{HI}}$$

$$= \frac{\partial L}{\partial b_h^{HI}} \times f'(a_h^{HI})$$

$$= \frac{\partial L}{\partial a_k} \times \frac{\partial a_k}{\partial b_h^{HI}} \times f'(a_h^{HI})$$

$$= \delta_k \times \sum W_{hk} \times f'(a_h^{HI})$$

$$= \sum W_{hk} \times \delta_k \times f'(a_h^{HI})$$

即当前层输出值对误差的梯度可以通过下一层的误差与权重和输入值的梯度乘积来获得。在公式 $\sum W_{hk} \times \delta_k \times f'(a_h^{HI})$ 中，δ_k 若为输出层则可以通过 $\delta_k = \frac{\partial L}{\partial a_k} = (Y - T)$ 求得，而 δ_k 为非输出层时，则可以使用逐层反馈的方式求得 δ_k 的值。

> **提　示**
>
> 千万要注意，对于 δ_k 与 δ_h^{HI} 来说，其计算结果都是当前的输出值对于输入值的梯度计算，是权重更新过程中一个非常重要的数据计算内容。

或者换一种表述形式将前面的公式表示为：

$$\delta^I = \sum W_{ij}^I \times \delta_j^{I+1} \times f'(a_i^I)$$

可以看到，通过更为泛化的公式，把当前层的输出对输入的梯度计算转化成求下一个层级的梯度计算值。

定义三：权重的更新

反馈神经网络计算的目的是对权重的更新，因此与梯度下降算法类似，其更新可以仿照梯度下降对权值的更新公式：

$$\theta = \theta - a(f(\theta) - y_i)x_i$$

即：

$$W_{ji} = W_{ji} + a \times \delta_j^I \times x_{ji}$$

$$b_{ji} = b_{ji} + a \times \delta_j^I$$

其中，ji 表示为反向传播时对应的节点系数，通过对 δ_j^I 的计算就可以更新对应的权重值。W_{ji} 的计算公式如上所示。

对于没有推导的 b_{ji}，其推导过程与 W_{ji} 类似，但是在推导过程中输入值是被消去的，请读者自行学习。

2.3.4　反馈神经网络原理的激活函数

现在回到反馈神经网络的函数：

$$\delta^I = \sum W_{ij}^I \times \delta_j^{I+1} \times f'(a_i^I)$$

对于此公式中的 W_{ij}^I、δ_j^{I+1} 以及所需要计算的目标 δ^I 已经做了较为详尽的解释，但是对于 $f'(a_i^I)$ 来说却一直没有介绍。

回到前面生物神经元的图示中，传递进来的电信号通过神经元进行传递，由于神经元的突触强弱是有一定敏感度的，也就是只会对超过一定范围的信号进行反馈，即这个电信号必须大于某个阈值，神经元才会被激活引起后续的传递。

在训练模型中同样需要设置神经元的阈值，即神经元被激活的频率用于传递相应的信息，模型中这种能够确定是否为当前神经元节点的函数被称为"激活函数"，如图 2-17 所示。

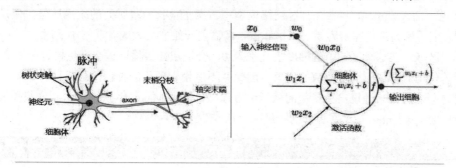

图 2-17　激活函数示意图

激活函数代表了生物神经元中接收到的信号强度，目前应用范围较广的是 sigmoid 函数。因为其在运行过程中只接受一个值，输出也是一个经过公式计算后的值，且其输出值为 0~1 之间。

$$y = \frac{1}{1 + e^{-x}}$$

其图形如图 2-18 所示。

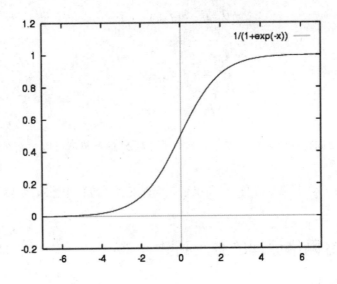

图 2-18 sigmoid 激活函数图

其导函数求法较为简单，即：

$$y' = \frac{e^{-x}}{(1+e^{-x})^2}$$

换一种表示方式为：

$$f(x)' = f(x) \times (1 - f(x))$$

sigmoid 输入一个实值的数，之后将其压缩到 0~1 之间，较大值的负数被映射成 0，较大的正数被映射成 1。

顺便说一句，sigmoid 函数在神经网络模型中占据了很长一段时间的统治地位，但是目前已经不常使用，主要原因是其非常容易进入饱和区，当输入开始非常大或者非常小的时候，sigmoid 会产生一个平缓区域，在这个区域中的梯度值几乎为 0，会造成在传播过程中产生接近于 0 的梯度。这样在后续的传播时会造成梯度消散的现象，因此并不适用于现代的神经网络模型。

除此之外，近年来涌现出大量新的激活函数模型，例如 Maxout、tanh 和 ReLU 模型，这些都是为了解决传统的 sigmoid 模型在更深的神经网络所产生的各种不良影响。

提 示
sigmoid 函数的具体使用和影响会在下一章进行详细介绍。

2.3.5 反馈神经网络原理的 Python 实现

本节将使用 Python 语言实现神经网络的反馈算法。经过前几节的解释，读者应该对神经网络的算法和描述有了一定的理解，本节中将使用 Python 代码去实现一个反馈神经网络。

为了简化起见，这里的神经网络被设置成三层，即只有一个输入层、一个隐藏层以及最终的输出层。

（1）首先是辅助函数的确定：

```
def rand(a, b):
    return (b - a) * random.random() + a
def make_matrix(m,n,fill=0.0):
    mat = []
    for i in range(m):
        mat.append([fill] * n)
    return mat
def sigmoid(x):
    return 1.0 / (1.0 + math.exp(-x))
def sigmod_derivate(x):
    return x * (1 - x)
```

在上述代码中首先定义了随机值，调用 random 包中的 random 函数生成一系列随机数，之后调用 make_matrix 函数生成了相对应的矩阵。sigmoid 和 sigmod_derivate 分别是激活函数和激活函数的导函数。这也是前文所定义的内容。

（2）在 BP 神经网络类的正式定义中需要对数据内容进行设置。

```
def __init__(self):
    self.input_n = 0
    self.hidden_n = 0
    self.output_n = 0
    self.input_cells = []
    self.hidden_cells = []
    self.output_cells = []
    self.input_weights = []
    self.output_weights = []
```

init 函数是对数据内容进行初始化，即在其中设置了输入层、隐藏层以及输出层中节点的个数；各个 cell 数据是各个层中节点的数值；weights 数据代表各个层的权重。

（3）setup 函数的作用是对 init 函数中设置的数据进行初始化。

```
def setup(self,ni,nh,no):
    self.input_n = ni + 1
    self.hidden_n = nh
    self.output_n = no
    self.input_cells = [1.0] * self.input_n
    self.hidden_cells = [1.0] * self.hidden_n
    self.output_cells = [1.0] * self.output_n
    self.input_weights = make_matrix(self.input_n,self.hidden_n)
    self.output_weights = make_matrix(self.hidden_n,self.output_n)
    # random activate
    for i in range(self.input_n):
        for h in range(self.hidden_n):
            self.input_weights[i][h] = rand(-0.2, 0.2)
```

```
        for h in range(self.hidden_n):
            for o in range(self.output_n):
                self.output_weights[h][o] = rand(-2.0, 2.0)
```

需要注意的是，输入层节点个数被设置成 ni+1，这是由于其中包含 bias 偏置数；各个节点与 1.0 相乘是初始化节点的数值；各个层的权重值根据输入层、隐藏层以及输出层中节点的个数被初始化并被赋值。

（4）定义完各个层的数目后，下面进入正式的神经网络内容的定义，首先是对神经网络前向的计算。

```
    def predict(self,inputs):
        for i in range(self.input_n - 1):
            self.input_cells[i] = inputs[i]
        for j in range(self.hidden_n):
            total = 0.0
            for i in range(self.input_n):
                total += self.input_cells[i] * self.input_weights[i][j]
            self.hidden_cells[j] = sigmoid(total)
        for k in range(self.output_n):
            total = 0.0
            for j in range(self.hidden_n):
                total += self.hidden_cells[j] * self.output_weights[j][k]
            self.output_cells[k] = sigmoid(total)
        return self.output_cells[:]
```

上述代码段将数据输入到函数中，通过隐藏层和输出层的计算最终以数组的形式输出。案例的完整代码如下所示。

【程序 2-3】

```
import numpy as np
import math
import random
def rand(a, b):
    return (b - a) * random.random() + a
def make_matrix(m,n,fill=0.0):
    mat = []
    for i in range(m):
        mat.append([fill] * n)
    return mat
def sigmoid(x):
return 1.0 / (1.0 + math.exp(-x))
def sigmod_derivate(x):
    return x * (1 - x)
class BPNeuralNetwork:
    def __init__(self):
```

```python
        self.input_n = 0
        self.hidden_n = 0
        self.output_n = 0
        self.input_cells = []
        self.hidden_cells = []
        self.output_cells = []
        self.input_weights = []
        self.output_weights = []
    def setup(self,ni,nh,no):
        self.input_n = ni + 1
        self.hidden_n = nh
        self.output_n = no
        self.input_cells = [1.0] * self.input_n
        self.hidden_cells = [1.0] * self.hidden_n
        self.output_cells = [1.0] * self.output_n
        self.input_weights = make_matrix(self.input_n,self.hidden_n)
        self.output_weights = make_matrix(self.hidden_n,self.output_n)
        # random activate
        for i in range(self.input_n):
            for h in range(self.hidden_n):
                self.input_weights[i][h] = rand(-0.2, 0.2)
        for h in range(self.hidden_n):
            for o in range(self.output_n):
                self.output_weights[h][o] = rand(-2.0, 2.0)
    def predict(self,inputs):
        for i in range(self.input_n - 1):
            self.input_cells[i] = inputs[i]
        for j in range(self.hidden_n):
            total = 0.0
            for i in range(self.input_n):
                total += self.input_cells[i] * self.input_weights[i][j]
            self.hidden_cells[j] = sigmoid(total)
        for k in range(self.output_n):
            total = 0.0
            for j in range(self.hidden_n):
                total += self.hidden_cells[j] * self.output_weights[j][k]
            self.output_cells[k] = sigmoid(total)
        return self.output_cells[:]
    def back_propagate(self,case,label,learn):
        self.predict(case)
        #计算输出层的误差
        output_deltas = [0.0] * self.output_n
        for k in range(self.output_n):
            error = label[k] - self.output_cells[k]
            output_deltas[k] = sigmod_derivate(self.output_cells[k]) * error
        #计算隐藏层的误差
```

```python
            hidden_deltas = [0.0] * self.hidden_n
            for j in range(self.hidden_n):
                error = 0.0
                for k in range(self.output_n):
                    error += output_deltas[k] * self.output_weights[j][k]
                hidden_deltas[j] = sigmod_derivate(self.hidden_cells[j]) * error
            #更新输出层权重
            for j in range(self.hidden_n):
                for k in range(self.output_n):
                    self.output_weights[j][k] += learn * output_deltas[k] *
self.hidden_cells[j]
            #更新隐藏层权重
            for i in range(self.input_n):
                for j in range(self.hidden_n):
                    self.input_weights[i][j] += learn * hidden_deltas[j] *
self.input_cells[i]
            error = 0
            for o in range(len(label)):
                error += 0.5 * (label[o] - self.output_cells[o]) ** 2
            return error
    def train(self,cases,labels,limit = 100,learn = 0.05):
        for i in range(limit):
            error = 0
            for i in range(len(cases)):
                label = labels[i]
                case = cases[i]
                error += self.back_propagate(case, label, learn)
        pass
    def test(self):
        cases = [
            [0, 0],
            [0, 1],
            [1, 0],
            [1, 1],
        ]
        labels = [[0], [1], [1], [0]]
        self.setup(2, 5, 1)
        self.train(cases, labels, 10000, 0.05)
        for case in cases:
            print(self.predict(case))
if __name__ == '__main__':
    nn = BPNeuralNetwork()
    nn.test()
```

2.4　本章小结

　　本章是深度学习最为基础的内容，向读者完整介绍了深度学习最基础的起始知识——BP 神经网络的原理和实现。这是整个深度学习最为基础的内容，可以说所有的后续发展都是在对 BP 神经网络的修正上发展而来的。

　　在后续章节中，笔者将会带读者了解更多的神经网络。

第 3 章

猫还是狗
——深度学习中的卷积与其他函数

如何让计算机分辨出看到的图像是一只猫还是一只狗，无数的科学家花费了无数时间想尽办法对这个问题进行求解，然而问题的解答依旧不能令人满意，直到出现了卷积神经网络这一跨时代的创新。

卷积神经网络是深度学习中一个最常用、最重要的网络类型。

"卷积"是从信号处理衍生过来的一种对数字信号处理的方式，发展到图像信号处理上演变成一种专门用来处理具有矩阵特征的网络结构处理方式。卷积神经网络在很多应用上都有独特的优势，甚至可以说是无可比拟的，例如音频的处理和图像处理。

本章将介绍什么是卷积神经网络、深度学习中其他常用的函数，激活、分类以及池化函数的作用和存在意义。

3.1 卷积运算基本概念

在数字图像处理中有一种基本的处理方法，即线性滤波。它将待处理的二维数字看作一个大型矩阵，图像中的每个像素可以看作矩阵中的每个元素，像素的大小就是矩阵中的元素值。

使用的滤波工具是另一个小型矩阵，这个矩阵被称为卷积核。卷积核的大小远远小于图像矩阵，而具体的计算方式就是对于图像大矩阵中的每个像素，计算其周围的像素和卷积核对应位置的乘积，之后将结果相加，最后得到的终值就是该像素的值，这样就完成了一次卷积运算。最简单的图像卷积运算如图 3-1 所示。

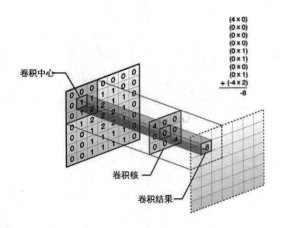

图 3-1　卷积运算

本节将详细介绍卷积的运算、定义以及一些细节，这些都是卷积运算中必不可少的内容。本章以介绍概念为主，更详尽的公式推导在下一节。

3.1.1　卷积运算

前面已经说过了，卷积实际上是使用两个大小不同的矩阵进行的一种数学运算。为了便于读者理解，我们从一个例子开始。

假如我们需要对高速公路上的跑车进行位置追踪，这是卷积神经网络图像处理的一个非常重要的应用。摄像头接收的信号被计算为 $x(t)$，表示跑车在时刻 t 所处的位置。

实际上处理往往没那么简单，因为在自然界中会面临各种影响，包括摄像头传感器的滞后。为了得到跑车位置的实时数据，采用的方法是对测量结果进行均值化处理。对于运动中的目标，时间越久的位置越不可靠，时间离计算时越短的位置则对真实值的相关性越高。因此，可以对不同的时间段赋予不同的权重，即通过一个权值定义来计算。这个可以表示为：

$$s(t) = \int x(a)\omega(t-a)\mathrm{d}a$$

这种运算方式被称为卷积运算，换个符号可表示为：

$$s(t) = (x * \omega)(t)$$

在卷积公式中，第一个参数 x 被称为"输入数据"，第二个参数 ω 被称为"核函数"，$s(t)$ 是输出，即特征映射。

对于稀疏矩阵（见图 3-2）来说，卷积网络具有稀疏性，即卷积核的大小远远小于输入数据矩阵的大小。例如，当输入一个图片信息时，数据的大小可能为上万的结构，但是使用的卷积核却只有几十，这样能够在计算后获取更少的参数特征，极大地减少了后续的计算量。

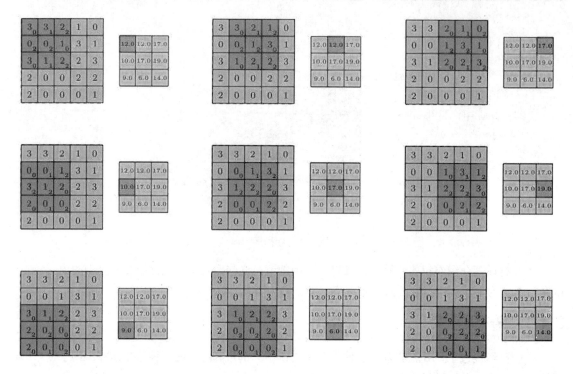

图 3-2　稀疏矩阵

参数共享指的是在卷积神经网络中，核的每一个元素都被用在输入的每一个位置上，只需学习一个参数集合就能把这个参数应用到所有的图片元素中。

【程序 3-1】

```
import struct
import matplotlib.pyplot as plt
import  numpy as np
dateMat = np.ones((7,7))
kernel = np.array([[-1,-1,-1],[-1,8,-1],[-1,-1,-1]])     #自行设置成其他
def convolve(dateMat,kernel):
    m,n = dateMat.shape
    km,kn = kernel.shape
    newMat = np.ones(((m - km + 1),(n - kn + 1)))
    tempMat = np.ones(((km),(kn)))
    for row in range(m - km + 1):
        for col in range(n - kn + 1):
            for m_k in range(km):
                for n_k in range(kn):
                    tempMat[m_k,n_k] = dateMat[(row + m_k),(col + n_k)] *
kernel[m_k,n_k]
            newMat[row,col] = np.sum(tempMat)
    return newMat
```

程序 3-1 是由 Python 实现的卷积操作，这里卷积核从左到右、从上到下进行卷积计算，最后返回新的矩阵。

3.1.2　卷积核

在卷积计算中，每个神经元连接数据窗的权重是固定的，每个神经元只关注一个特性。神经元就是图像处理中的滤波器，即卷积层的每个滤波器都会有自己所关注的一个图像特征，比如垂直边缘、水平边缘、颜色、纹理等，这些神经元加起来就好比是整张图像的特征提取器集合。

图 3-3 演示了使用不同卷积核对图像处理的方法，这里读者只需要更换程序 3-1 中的卷积核即可。

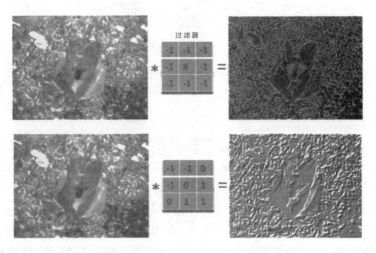

图 3-3　使用不同卷积核对图像处理的方法

3.1.3　卷积神经网络原理

前面介绍了卷积运算的基本原理和概念，从本质上来说卷积神经网络就是将图像处理中的二维离散卷积运算和神经网络相结合。这种卷积运算可以用于自动提取特征，而卷积神经网络也主要应用于二维图像的识别。下面将采用图示的方法更加直观地介绍卷积神经网络的工作原理。

一个卷积神经网络如果包含一个输入层、一个卷积层、一个输出层，但是在真正使用的时候一般会使用多层卷积神经网络不断地去提取特征，特征越抽象，越有利于识别（分类）。通常卷积神经网络也包含池化（Pooling）层、全连接层，最后再接输出层。

图 3-4 展示了一幅图片进行卷积神经网络处理的过程，其中主要包含 4 个步骤：

- 图像输入：获取输入的数据图像。
- 卷积：对图像特征进行提取。
- 池化层：用于缩小在卷积时获取的图像特征。
- 全连接层：用于对图像进行分类。

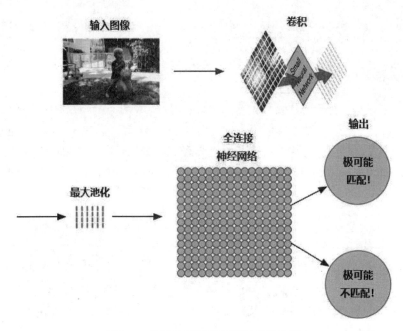

图 3-4　卷积神经网络处理图像的步骤

　　这几个步骤依次进行，分别具有不同的作用。经过卷积层的图像被分部提取特征后获得分块的、同样大小的图片，如图 3-5 所示。

图 3-5　卷积处理的分解图像

　　可以看到，经过卷积处理后的图像被分为若干个大小相同的、只具有局部特征的图片。图 3-6 表示对分解后的图片使用一个小型神经网络做更进一步的处理，即将二维矩阵转化成一维数组。

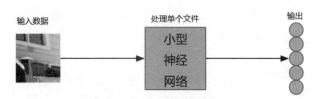

图 3-6　分解后图像的处理

需要说明的是，在这个步骤中，也就是对图片进行卷积化处理时卷积算法对所有的分解后的局部特征进行同样的计算，这个步骤称为"权值共享"。这样做的依据如下：

● 对图像等数组数据来说，局部数组的值经常是高度相关的，可以形成容易被探测到的独特的局部特征。

● 图像和其他信号的局部统计特征与其位置是不太相关的，如果特征图能在图片的一个部分出现，也能出现在任何地方。所以不同位置的单元共享同样的权重，并在数组的不同部分探测相同的模式。

数学上，这种由一个特征图执行的过滤操作是一个离散的卷积，卷积神经网络由此得名。

池化层的作用是对获取的图像特征进行缩减，从前面的例子中可以看到，使用[2,2]大小的矩阵来处理特征矩阵，使得原有的特征矩阵可以缩减到 1/4 大小，特征提取的池化效应如图 3-7 所示。

经过池化处理的矩阵作为下一层神经网络的输入，使用一个全连接层对输入的数据进行分类计算（见图 3-8），从而计算出这个图像所对应位置最大的概率类别。

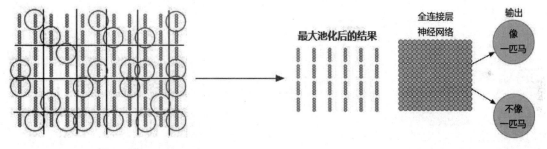

图 3-7　池化处理后的图像　　　　　　图 3-8　全连接层判断

采用较为通俗的语言概括，卷积神经网络是一个层级递增的结构，也可以将其认为是一个人在读报纸，首先一字一句地读取，之后整段理解，最后获得全文的中心思想。卷积神经网络也是从边缘、结构和位置等一起感知物体的形状。

3.2　卷积神经网络公式推导

上一节对卷积的基础理论和概念做了一个介绍，主要是通过讲解和图示的形式对其做出说明，并使用 Python 语言实现了卷积运算。在卷积神经网络中，卷积和池化的运用仅仅是卷积神经网络前向传播的一个方面，和反馈神经网络一样，对于其中权重的更新才是真正的重点。

在具体的误差反馈和权重更新的处理上，对于卷积层权重的更新使用的是经典的反馈神经网络算法，这种方法将原本较为复杂的要考虑长期的链式法则转化为只需要考虑前后节点输入和输出误差对权重的影响，使得当神经网络深度加大时能够进行计算机计算以及解决卷积核在计算过程中产生非常多的数据计算。

本节中，作者将首先复习一下在反馈神经网络中 BP 的算法，之后使用数学方法推导卷积神经网络中卷积层权重更新的方法，这也是卷积神经网络最为核心的内容。

本节将使用大量的数学公式，仅供有基础、有能力以及意愿的读者学习，其他读者可以直接略过本章，并不影响对其后内容的学习。

为了强调重要性，这里定义一个参数 δ_k，称其为敏感度。敏感度的解释是，当前输出层的误差对该层的输入的偏导数。请读者一定要牢记这个参数名和意义。

3.2.1 经典反馈神经网络正向与反向传播公式推导

前面已经说到，经典的反馈神经网络主要包括 3 个部分：数据的前向计算、误差的反向传播以及权重的更新。

1. 前向传播算法

对于前向传播的值传递，隐藏层输出值定义如下：

$$a_h^{Hl} = W_h^{Hl} \times X_i$$
$$b_h^{Hl} = f(a_h^{Hl})$$

其中，X_i 是当前节点的输入值，W_h^{Hl} 是连接到此节点的权重，a_h^{Hl} 是输出值。f 是当前阶段的激活函数，b_h^{Hl} 为当前节点的输入值经过计算后被激活的值。

对于输出层，定义如下：

$$a_k = \sum W_{hk} \times b_h^{Hl}$$

其中，W_{hk} 为输入的权重，b_h^{Hl} 为输入到输出节点的输入值。这里对所有输入值进行权重计算后求得和值，作为神经网络的最后输出值 a_k。

2. 反向传播算法

与前向传播类似，反向传播需要首先定义两个值 δ_k 与 δ_h^{Hl}：

$$\delta_k = \frac{\partial L}{\partial a_k} = (Y - T)$$
$$\delta_h^{Hl} = \frac{\partial L}{\partial a_h^{Hl}}$$

其中，δ_k 为输出层的误差项，其计算值为真实值与模型计算值之间的差值；Y 是计算值；T 是输出真实值；δ_h^{Hl} 为输出层的误差。

提 示
对于 δ_k 与 δ_h^{Hl} 来说，无论定义在哪个位置，都可以看作当前的输出值对于输入值的梯度计算。

　　在前面的分析可以看到，所谓的神经网络反馈算法就是逐层地将最终误差进行分解，即每一层只与下一层打交道。介于此，可以假设每一层均为输出层的前一个层级，通过计算前一个层级与输出层的误差得到权重的更新，如图 3-9 所示。

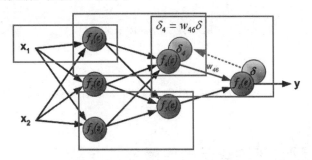

图 3-9　权重的逐层反向传导

　　因此，反馈神经网络计算公式定义为：

$$\delta_h^{Hl} = \frac{\partial L}{\partial a_h^{Hl}}$$

$$= \frac{\partial L}{\partial b_h^{Hl}} \times \frac{\partial b_h^{Hl}}{\partial a_h^{Hl}}$$

$$= \frac{\partial L}{\partial b_h^{Hl}} \times f'(a_h^{Hl})$$

$$= \frac{\partial L}{\partial a_k} \times \frac{\partial a_k}{\partial b_h^{Hl}} \times f'(a_h^{Hl})$$

$$= \delta_k \times \sum W_{hk} \times f'(a_h^{Hl})$$

$$= \sum W_{hk} \times \delta_k \times f'(a_h^{Hl})$$

　　即当前层输出值对误差的梯度可以通过下一层的误差与权重和输入值的梯度乘积获得。在公式 $\sum W_{hk} \times \delta_k \times f'(a_h^{Hl})$ 中，δ_k 若为输出层则可以通过 $\delta_k = \frac{\partial L}{\partial a_k} = (Y - T)$ 求得，而 δ_k 为非输出层时则可以使用逐层反馈的方式求得 δ_k 的值。

提　示
这里读者千万要注意，对于 δ_k 与 δ_h^{Hl} 来说，其计算结果都是当前的输出值对于输入值的梯度计算，是权重更新过程中一个非常重要的数据计算内容。

　　或者换一种表述形式将前公式表示为：

$$\delta_i^l = \sum W_{ij}^l \times \delta_j^{l+1} \times f'(a_i^l)$$

　　可以看到，通过更为泛化的公式，把当前层的输出对输入的梯度计算转化成求下一个层级的梯度计算值。

3. 权重的更新

　　反馈神经网络计算的目的是对权重的更新，因此与梯度下降算法类似，其更新可以仿照梯度下降对权值的更新公式：

$$\theta = \theta - a(f(\theta) - y_i)x_i$$

即：

$$W_{ji} = W_{ji} + a \times \delta_j^l \times x_{ji}$$
$$b_{ji} = b_{ji} + a \times \delta_j^l$$

其中，ji 表示为反向传播时对应的节点系数，通过对 δ_j^l 的计算就可以更新对应的权重值。W_{ji} 的计算公式如上所示。

3.2.2　卷积神经网络正向与反向传播公式推导

前面已经说到，经典的反馈神经网络主要包括 3 个部分：数据的前向计算、误差的反向传播以及权重的更新。从图 3-10 可以看到每一层 1（假设是卷积或者池化层的一种）都会接一个下采样层 l+1 。对于反馈神经网络来说，要想求得层 1 的每个神经元对应的权值的权值更新，就需要先求层 1 的每一个神经节点的灵敏度 δ_k。

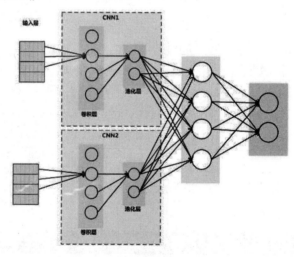

图 3-10　权重的逐层反向传导

简单来看，这里总体只有以下几个权重以及数值需要在传递的过程中进行计算：

- 输入层-卷积层。
- 卷积层-池化层。
- 池化层-全连接层。
- 全连接层-输出层。

这是正向的计算。当权重更新时，需要对其进行反向更新，即：

- 输出层-全连接层。
- 全连接层-池化层。

- 池化层-卷积层。
- 卷积层-输入层。

相对于反馈神经网络，卷积神经网络在整个模型的构成上是分解成若干个小的步骤进行，因此对其进行求导更新计算最好的方法也是逐步对其进行计算。

首先需要设定的是损失函数。在前面的例子中，由于采用的是独热编码（One-Hot）方法，因此在对输出层进行误差计算时采用的是交叉熵的函数，公式如下：

$$Loss = -y\,log(f(x))$$

这个是最基本的，下面开始将依次由输出到输入分阶段解读权重更新的方法与公式。

1. 输出层反馈到全连接层的反向求导

对于输出层来说，损失函数由上面的交叉熵函数作为计算。独热编码方法大多数的值为 0 而仅仅有 1 个值为 1，首先求得的交叉熵为：

$$Loss(f(x), y) = -\sum y\,log(f(x))$$
$$= -(0 \times log(f(x_1) + 0 \times log(f(x_2)\ldots$$
$$+1 \times log(f(x_{n-1}) + 0 \times log(f(x_n))$$
$$= -log(f(x_n))$$

0 值乘以任何数都为 0，留下的值是 1 值与所计算的真实值的乘积。损失函数的计算形式如图 3-11 所示。

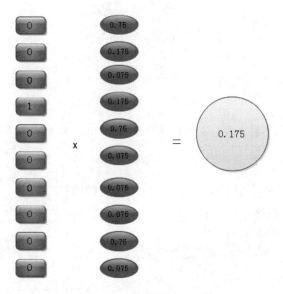

图 3-11　损失函数的计算

使用此种规则可以得到此时的损失值为：

$$Loss = -(y - log(f(x))$$

其中，y 为真实的样本为 1 的值，$log(f(x))$ 为模型计算出的交叉熵的值，其差值为所求得的误差额度。简化一下，由于 y 在独热编码中始终为 1，而为 0 的值不参与计算，因此可以得到：

$$Loss = -(1 - log(f(x))$$

由上述公式可知，如果最终的输出层采用的是 softmax，那么对于结果会采用交叉熵的形式去计算损失函数，最后一层的误差敏感度就是卷积神经网络模型输出值与真实值之间的差值。

根据损失函数对权值的偏导数可以求得在全连接层权重更新的计算公式为：

$$\frac{\partial Loss}{\partial W} = -\frac{1}{m} * (1 - f(x)) \times f(x)' + \lambda W$$

其中，$f(x)$ 是激活函数，W 为 l-1 层到 l 层之间的权重。

输出层的偏置倒数为：

$$\frac{\partial Loss}{\partial b} = -\frac{1}{m} * (1 - f(x))$$

这里的计算方法和经典的反馈神经网络相似，因而不再做过多的解释。

2. 池化层反馈到卷积层的反向求导

从正向来看，假设 l（为小写的 L）层为卷积层，而 l+1 层为池化层。从卷积层到池化层的效果如图 3-12 所示。

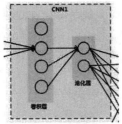

图 3-12　卷积层到池化层

此时假设池化层的敏感度为 δ_j^{l+1}，卷积层的敏感度为 δ_j^l，则两者的关系可以近似地表达为：

$$\delta_j^l = pool(\delta_j^{l+1}) * h(a_j^l)'$$

这里的*表示的是均值的点对点乘，即对应位置元素的乘积。

对于池化层，l+1 中的每个节点元素是由卷积层 l 中的多个节点共同计算得到的，因此 l+1 层的敏感度也是由 l 层中的敏感度共同产生的。

假设卷积层 l 的大小为 4×4，使用的池化区域大小为 2×2，经过计算得到的池化层的大小为 2×2，如果此时池化层的梯度值为：

　　按照均值池化（Mean-Pooling）方法进行反馈运算，则首先需要将 l+1 池化层扩展到 l 层大小，即卷积层的 4×4 大小，并且使其值为等值分布，如图 3-13 所示。

　　对于均值池化方法，为了保证在反向传播时各层之间的误差总和不变，在扩展 l+1 池化层之外还需要对池化层中的每个值进行平摊处理。

　　如果 l+1 池化层是最大池化，则在前向计算时需要记录相对应的最大值位置，这里假设池化层的最大值位置是图 3-14 所示的形式。

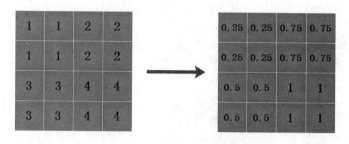 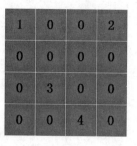

图 3-13　池化层敏感度的均值化　　　　　　　　　图 3-14　最大池化层的反馈

3. 卷积层反馈到池化层的反向求导

当 l 层为池化层而 l+1 层为卷积层时，如图 3-15 所示。

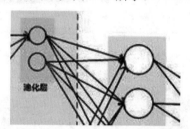

图 3-15　卷积层反馈到池化层的反向求导

　　假设第 l 层池化层有 n 个通道，即有 n 张特征图([width,height,n])，而 l+1 卷积层中有 m 个特征值。此时如果 l 层池化层中的每个通道都有其对应的敏感度误差，则其计算依据为 l+1 层卷积层中所有卷积核元素的敏感度之和。

$$\delta_j^l = \sum_{j}^{m} (\delta_j^{l+1}) \otimes K_{ij}$$

　　其中，$\otimes$ 是矩阵的卷积操作，但是不同于卷积层前向传播时的相关度计算。求 l 层池化层对 l+1 层的敏感度是全卷积操作。

　　使用一个简单的例子进行说明，第 l 层池化层有 3×3 大小的通道图，如果第 l+1 卷积层有两个卷积核，核大小为 2×2，则在前向传播结束后会生成两个大小为 2×2 的卷积图。

　　图 3-16 是池化层反馈到卷积层的反向求导。需要注意的是，图中的卷积层中的数据并不是卷积计算的结果而是卷积层的敏感度。

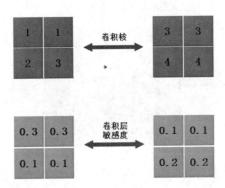

图 3-16 池化层反馈到卷积层的反向求导

之后开始进行重新卷积计算,这里的计算方法就是先对卷积层敏感度执行填充(Padding)操作,采用 full 模式重新扩充为 4×4 大小,如图 3-17 所示。

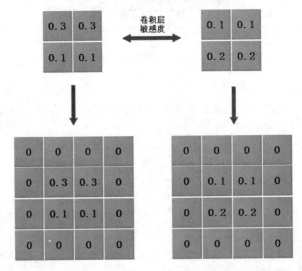

图 3-17 卷积核敏感度的填充操作

之后根据扩充后的 l+1 层卷积层敏感度和对应的卷积核重新计算 1 层池化层的敏感度,如图 3-18 所示。需要注意的是,这里是星乘卷积的计算,即要把卷积核翻转 180°与填充后的池化层进行卷积计算。

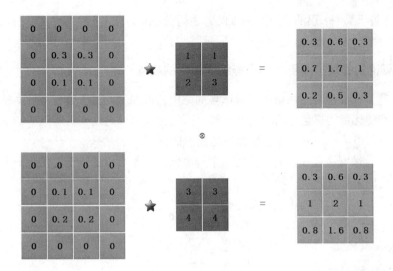

图 3-18　重新计算的敏感度

最后是 1 层池化层敏感度的计算，即前面公式的最终结果是：

$$\delta_j^l = \sum_j^m (\delta_j^{l+1}) \otimes K_{ij}$$

可由图形表示为图 3-19 所示的形式：

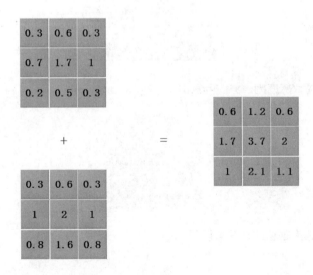

图 3-19　最终池化层敏感度的计算

这样即求得了卷积层 l+1 反馈到池化层 l 层的敏感度。

从本质上来说，这里还是反馈神经网络的计算，即：

$$\delta_j^l = \sum_j^m (\delta_j^{l+1}) \otimes K_{ij}$$

l 层的敏感度等于第 l+1 层的敏感度乘以两者之间的权重再求和，只不过这里的权值被改为卷积核，且在计算过程中有大量重叠。

4. 通过计算得到的敏感度更新卷积神经网络中的权重

前面已经计算了在卷积神经网络中所有出现的层中的敏感度，对于卷积神经网络来说，其中特殊的只是卷积层和池化层的权重更新较为难计算，而这些层可以通过权重所连接的前后节点的敏感度计算得到。因此，最后一步就是通过敏感度对权重的更新。

由前面的反向反馈网络可知，对于任何一个神经网络，都可以通过 l 层和第 l+1 层的梯度值来求得其权重和偏置的偏导数。

$$\frac{\partial Loss}{\partial W_{ij}} = x_i \odot \delta_j^{i+1`}$$

$$\frac{\partial Loss}{\partial b_{ij}} = \sum (\delta_j^{i+1`})$$

其中，⊙表示的是矩阵相乘之间的操作。

举例来说，已有的 l 层输入数据值为：

1	2	1	1
1	1	2	2
2	2	2	1
3	1	1	1

与其相连的 l+1 层敏感度为 3×3 矩阵：

0.3	0.6	0.3
1	2	1
0.8	1.6	0.8

通过输入值与敏感度乘积的计算可以得到：

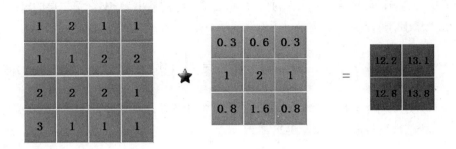

权值的更新使用的是:

$$\frac{\partial Loss}{\partial W_{ij}} = x_i \odot \delta_j^{i+1`}$$

需要注意的是,在卷积运算的过程中,3×3 的敏感度是先翻转再进行卷积计算。而对于偏置值的计算是:

$$\frac{\partial Loss}{\partial b_{ij}} = \sum \left(\delta_j^{i+1`} \right)$$

根据公式可知,偏置值的倒数为 l+1 层敏感度之和,即:

$$\frac{\partial Loss}{\partial b_{ij}} = \sum \left(\delta_j^{i+1`} \right) = 0.3 + 0.6 + 0.3 + 1 + 2 + 1 + 0.8 + 1.6 + 0.8 = 8.4$$

3.3　激活、分类以及池化函数简介

单纯地使用卷积对图像进行采样和特征提取并不能解决所面对的问题,卷积的作用是对特征进行提取,事实上并不是所有的特征都是神经网络在计算时所需的。例如,在人脸识别的过程中,人脸上的一些特征会予以保留,而对于额外的一些特征(所处的背景、发型的改变以及表情的喜悲这些不重要的信息)应予以剔除。

这就要求除了仅仅使用单一的卷积层外(仅对卷积神经网络),还需要一些额外的函数对所采样的特征进行处理,例如激活函数、池化函数以及最后用作分类的分类函数。

3.3.1　别偷懒——激活函数是分割器

首先给激活函数一个定义:神经网络中的每个神经元节点接受上一层神经元的输出值作为本神经元的输入值,并将输入值传递给下一层,输入层神经元节点会将输入属性值直接传递给下一层(隐藏层或输出层)。在多层神经网络中,上层节点的输出和下层节点的输入之间具有一个函数关系,这个函数称为激活函数(又称激励函数)。

在深度学习中,如果不用激活函数,每一层节点的输入就是上层输出的线性函数,即无论神经网络有多少层,输出都是输入的线性组合,与没有隐藏层效果相当,那么网络的逼近能力就相当有限。

举个简单的例子，假设单个输入为向量x，那么第一层的输出为xW_1、第二层的输出为xW_1W_2、第三层的输出为$xW_1W_2W_3$，以此类推，无论深度学习是多少层，结果均为：

$$xW_1W_2W_3 \dots W_n = x\prod_0^n W_n$$

其中，$\prod$为连乘符号。$\prod_0^n W_n$本身就是一个独立的矩阵，这样就可以认为无论多少层的深度学习最终都是一个线性变换操作，如图 3-20 所示。

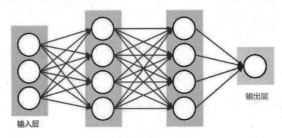

图 3-20　线性变换

激活函数的作用就是将线性函数变形成非线性函数，如图 3-21 所示。

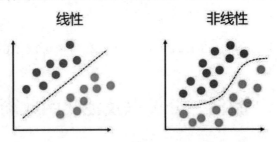

图 3-21　将线性函数变形成非线性函数

这样做的一个最直观的好处就是使函数能够更好地拟合不同的数据分布，从而获得一个线性无法达到的结果。

常用的激活函数有以下几种：

- sigmoid
- tanh
- ReLU
- Leaky ReLU
- Maxout
- ELU

上述激活函数的公式和对应的图形如图 3-22 所示。

注　意
Maxout 本身无图。

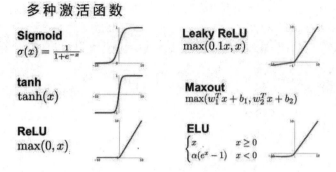

图 3-22　激活函数

每个激活函数都有着不同的优点和缺点，参见表 3-1。

表 3-1　激活函数的优点和缺点

名　称	优　点	缺　点
sigmoid	● 能够把输入的连续实值变换为0~1 之间的输出值。如果是非常大的负数，那么输出就是 0；如果是非常大的正数，输出就是 1 ● 输出均值非 0	在深度神经网络中梯度反向传递时导致梯度爆炸和梯度消失，其中梯度爆炸发生的概率非常小，梯度消失发生的概率比较大
tanh	解决了 sigmoid 输出均值非 0 的问题	梯度消失和梯度爆炸依旧存在
ReLU	解决了梯度消失问题（在正区间）；计算速度非常快，只需要判断输入是否大于 0；收敛速度远快于 sigmoid 和 tanh	输出也是非 0 均值；部分神经元可能永远无法正常激活
Leaky ReLU	保留了 ReLU 的优点	解决了 ReLU 存在的问题
Maxout	采用更多的神经元参数	计算量较大，速度较慢
ELU	解决了 ReLU 所有问题，而不存在 ReLU 的缺点	计算量较大

下面给出一个使用 sigmoid 激活函数进行计算的例子。

【程序 3-2】

```
import numpy as np

def sigmoid(x):
    return 1/(1 + np.exp(-x))

inputs = np.array([0.7, -0.3])
weights = np.array([0.1, 0.8])
bias = -0.1

output = sigmoid(np.dot(weights, inputs) + bias)

print('Output:', output)
```

也可以替换掉 sigmoid 函数，比如替换成 ReLU 函数。下面的程序展示三种不同激活函数的图形：

【程序 3-3】

```python
from matplotlib import pyplot as plt
import numpy as np

def sigmoid(x):
    return 1. / (1 + np.exp(-x))

def tanh(x):
    return (np.exp(x) - np.exp(-x)) / (np.exp(x) + np.exp(-x))

def relu(x):
    return np.where(x < 0, 0, x)

def plot_sigmoid():
    x = np.arange(-10, 10, 0.1)
    y = sigmoid(x)
    plt.plot(x, y)
    plt.show()

def plot_tanh():
    x = np.arange(-10, 10, 0.1)
    y = tanh(x)
    plt.plot(x, y)
    plt.show()

def plot_relu():
    x = np.arange(-10, 10, 0.1)
    y = relu(x)
    plt.plot(x, y)
    plt.show()


if __name__ == "__main__":
    plot_sigmoid()
    plot_tanh()
plot_relu()
```

其他的激活函数请读者自行实现和完成。顺便说一下激活函数的选择：

● 深度学习往往需要大量时间来处理大量数据，模型的收敛速度尤为重要。从总体上来讲，训练深度学习网络尽量使用 0 均值数据（可以经过数据预处理来实现）和 0 均值输出。所以，要尽量选择输出具有这个特点的激活函数以加快模型的收敛速度。

● 如果使用 ReLU，那么一定要小心设置学习率（Learning Rate），而且要注意不要让网络出现很多 "dead" 神经元。如果这个问题不好解决，那么可以试试 Leaky ReLU、PReLU

或者 Maxout。

● 最好不要用 sigmoid，可以试试 tanh，不过可以预期它的效果比不上 ReLU 和 Maxout。

3.3.2　太多了，我只要一个——池化运算

在通过卷积获得了特征之后，下一步希望利用这些特征去进行分类。从理论上讲，人们可以用所有提取到的特征去训练分类器，例如 softmax 分类器，但这样做会面临计算量的挑战。因此，为了降低计算量，我们尝试利用神经网络的"参数共享"这一特性。

这也就意味着在一个图像区域有用的特征极有可能在另一个区域同样适用。为了描述大的图像，一个很自然的想法就是对不同位置的特征进行聚合统计。例如，特征提取可以计算图像一个区域上的某个特定特征的平均值（或最大值）。这些概要统计特征不仅具有低得多的维度（相比使用所有提取得到的特征），同时还会改善结果（不容易过拟合）。这种聚合的操作被称为池化（Pooling），有时也称为平均池化或者最大池化（取决于计算池化的方法）。

如果选择图像中的连续范围作为池化区域，并且只是池化相同（重复）的隐藏层单元产生的特征，那么这些池化单元就具有平移不变性（Translation Invariant）。这就意味着即使图像经历了一个小的平移之后依然会产生相同的（池化的）特征。在很多任务（例如物体检测、声音识别）中，我们都更希望得到具有平移不变性的特征，因为即使图像经过了平移，图像的标记仍然保持不变。最大池化的代码如下所示。

【程序 3-4】

```
def max_pooling(data, m, n):
    a,b = data.shape
    img_new = []
    for i in range(0,a,m):
        line = []
        for j in range(0,b,n):
            x = data[i:i+m,j:j+n]
            line.append(np.max(x))
        img_new.append(line)
return np.array(img_new)
```

最大池化后的图片如图 3-23 所示。

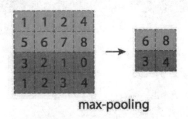

max-pooling

图 3-23　最大池化后的图片

池化一个非常重要的作用就是能够帮助输入的数据表示近似不变性。平移不变性指的是对输入的数据进行少量平移时，经过池化后的输出结果并不会发生改变。局部平移不变性是一个很有用的

性质，尤其是当关心某个特征是否出现而不关心它出现的具体位置时。

例如，当判定一张图中是否包含人脸时，并不需要判定眼睛的位置，而是需要知道有一只眼睛出现在脸部的左侧、另外一只出现在右侧即可。

3.3.3　全连接层详解

全连接层就是把前面经过卷积、激活、池化后的图像元素一个接一个地串联在一起，但是这有一个非常严重的问题——这里所有的函数或者模块的作用都是用以对特征进行提取，那么可以对这些特征直接进行分类吗？答案是可以的。在深度学习中，可以使用所提取的特征直接进行分类。但是这样做的话会使得模型拟合效果较差，训练时间大大延长，同时还会降低模型的泛化能力。

全连接层在整个卷积神经网络中起到"整合-分类"的作用。如果说卷积层、池化层和激活函数层等操作是将原始数据映射到隐藏层特征空间，那么全连接层则起到将学到的"分布式特征表示"映射到样本标记空间的作用。

下面用图 3-24 简单地介绍全连接层。

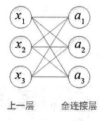

上一层　　　全连接层

图 3-24　全连接层

这里全连接层与上一层中的所有神经元节点相连，从而实现对所有节点的连接计算。其中，x_1、x_2、x_3 为全连接层的输入，a_1、a_2、a_3 为输出，用公式表述为：

$$a_1 = W_{11}x_1 + W_{12}x_2 + W_{13}x_3 + b_1$$
$$a_2 = W_{21}x_1 + W_{22}x_2 + W_{23}x_3 + b_2$$
$$a_3 = W_{31}x_1 + W_{32}x_2 + W_{33}x_3 + b_3$$

下面是对全连接层的实现，这里分别设计了 3 种全连接层：large、normal 与 small。

【程序 3-5】

```python
import numpy as np

def ReLU(x):
    return max(0, x)



def logistic(x):
    return 1 / (1 + np.exp(-x))



def logistic_derivative(x):
```

```python
return logistic(x) * (1 - logistic(x))

class FullConnectLayer:
    """全连接层"""

    def __init__(self, n_in, n_out, action_fun=logistic,
action_fun_der=logistic_derivative,flag = "normal"):
        """
        n_in 输入层的单元数
        n_out 输出单元个数及紧邻下一层的单元数
        action_fun 激活函数
        action_fun_der 激活函数的导函数
        flag 初始化权值和偏置项的标记 normal, larger, smaller
        """
        self.action_fun = action_fun
        self.action_fun_der = action_fun_der
        self.n_in = n_in
        self.n_out = n_out
        self.init_weight_biase(init_flag = flag)

    def init_weight_biase(self, init_flag):
        if (init_flag == "normal"):
            # weight 取值服从 N(0,1) 分布
            self.weight = np.random.randn(self.n_in,self.n_out )
            self.biase = np.random.randn(self.n_out)
        elif (init_flag == "larger"):
            # weight 取值范围 (-1,1)
            self.weight = 2 * np.random.randn(self.n_in,self.n_out ) - 1
            self.biases = 2 * np.random.randn(self.n_out) - 1  # b 取值范围 (-1,1)
        elif (init_flag == "smaller"):
            self.weight = np.random.randn(self.n_in,self.n_out ) /
np.sqrt(self.n_out)  # weight 取值服从 N(0,1/x) 分布
            self.biase = np.random.randn(self.n_out)

    def __call__(self, inpt):
        """全连接层的前馈传播"""
        self.inpt = np.dot(inpt,self.weight) + self.biase
        outpt = self.action_fun(self.inpt)
        return outpt
```

在卷积神经网络中，经多个卷积层和池化层后，连接着 1 个或 1 个以上的全连接层。全连接层中的每个神经元与其前一层的所有神经元进行全连接。全连接层可以整合卷积层或者池化层中具有类别区分性的局部信息。

为了提升卷积神经网络性能，全连接层每个神经元的激励函数一般采用 ReLU 函数。最后一层全连接层的输出值被传递给一个输出，该层也可称为 softmax 层，这是下一小节介绍的内容。

3.3.4 最终的裁判——分类函数

分类函数一般用在深度学习模型的最后一层，作用是对提取的特征进行最终分类。一般常用的分类函数有 softmax 和 sigmoid，现在也有通过卷积直接进行池化计算后根据不同的维度进行分类的方法。这里以 softmax 为主要目标对分类函数进行介绍。

softmax 在深度学习中有非常广泛的应用。了解之后读者就会发现 softmax 计算简单、效果显著。softmax 的计算公式如下所示：

$$p(y^{(i)} = j | x^i; \theta) = \frac{e^{\theta_j^T x(i)}}{\sum_{l=1}^k e^{\theta^T x^{(i)}}}$$

其中，$x^T w_j$ 是长度为 j 的数列中的一个数，带入 softmax 的结果就是先对每一个 $x^T w_j$ 取以 e 为底的指数变成非负数，然后再除以所有项之和进行归一化，之后每个 $x^T w_j$ 就可以解释成：在观察到的数据集类别中，特定的某个值属于某个类别的概率，或者称作似然（Likelihood）。

提 示

softmax 用以解决概率计算中概率结果大而占绝对优势的问题。例如，函数计算结果中有两个值 a 和 b，且 $a>b$，如果简单地以值的大小为单位进行衡量，那么在后续的使用过程中 a 永远被选用而 b 由于数值较小不被选用，不过有时也需要使用数值小的 b。

---

softmax 按照概率选择 a 和 b，由于 a 的概率值大于 b，因此在计算时 a 经常会被取用，而 b 被取用的概率较小。

从图 3-25 给出的数值可以得知 softmax 实际上就是将原来输出的 3,1,-3 通过 softmax 函数作用映射成为(0,1)的值，这些值的累加和为 1（满足概率的性质）。

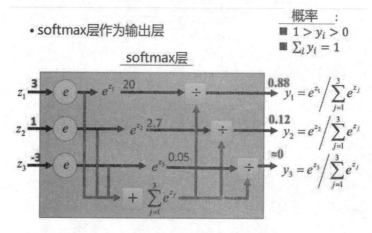

图 3-25　softmax 作用

根据这个计算结果，可以将最终的数值理解成概率。在最后选取输出结点的时候，我们可以选取概率最大（值最大）的结点作为我们的预测目标！

公式 softmax 的代码如下所示：

```
import numpy
```

```
def softmax(inMatrix):
    m,n = numpy.shape(inMatrix)
    outMatrix = numpy.mat(numpy.zeros((m,n)))
    soft_sum = 0
    for idx in range(0,n):
        outMatrix[0,idx] = math.exp(inMatrix[0,idx])
        soft_sum += outMatrix[0,idx]
    for idx in range(0,n):
        outMatrix[0,idx] = outMatrix[0,idx] / soft_sum
    return outMatrix
```

或者使用 numpy 函数直接计算：

```
def softmax(z):
    return np.exp(z) / np.sum(np.exp(z))
```

可以看到，当传入一个数列后，分别计算每个数值所对应的指数函数值，之后将其相加后计算每个数值在数值和中的概率。

下面以一个数字图片分类为例对 softmax 进行更加详细的介绍。

如果需要实现基于卷积神经网络的数字图片分类，图片经过卷积层的特征提取以及全连接层（在下一小节介绍）分类计算后，最终生成 10 个输出神经元进入 softmax 层进行最终的分类，那么可以认为有 10 个数字类别（数字 1，数字 2，数字 3，...，数字 10），具体的数值就是这个图片对于每个类别的最终概率，如图 3-26 所示。

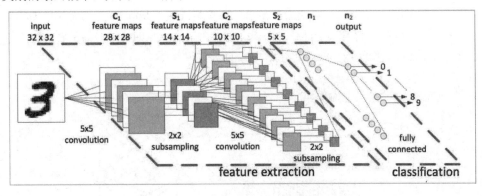

图 3-26　基于卷积神经网络的数字图片分类

计算代码如下所示：

【程序 3-6】

```
import numpy as np
import math

def softmax(inMatrix):
    m,n = np.shape(inMatrix)
    outMatrix = np.mat(np.zeros((m,n)))
    soft_sum = 0
```

```
for idx in range(0,n):
    outMatrix[0,idx] = math.exp(inMatrix[0,idx])
    soft_sum += outMatrix[0,idx]
for idx in range(0,n):
    outMatrix[0,idx] = outMatrix[0,idx] / soft_sum
    return outMatrix

output_feature = np.array([[1,2,1,4,3,2,1,2,3,5]])  #经过全连接层计算后的特征计算值

outMatrix = softmax(output_feature)                 #softmax 负责对特征计算值进行计算
print(outMatrix)
```

最终结果如下：

```
[[0.00993871 0.02701622 0.00993871 0.1996244  0.07343771 0.02701622
  0.00993871 0.02701622 0.07343771 0.54263537]]
```

其中，数值最大的是最后一个，即类别 10，其值为 0.54263537，因此可以认为输入的数字图片应该属于类别 10。

实际上对于分类函数来说，除了使用 softmax 作为分类函数，使用 sigmoid 作为分类函数也可以，具体选用哪个作为模型使用的具体组件需要根据目标的特征来确定。

3.3.5　每次都是一个新模型——随机失活层简介

随机失活（Dropout）的概念在本质上非常简单，就是丢弃（drop out）的意思。随机失活的作用是指在深度学习训练过程中，对于神经网络训练单元，按照一定的概率将其从网络中"暂时"移除，并将剩下的参数重新组建成一个"子网络"，如图 3-27 所示。

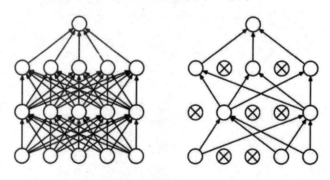

图 3-27　随机失活层

深度学习所使用的神经网络有以下两个缺点：

● 训练时间较长。
● 对于小规模的数据容易产生过拟合。

因此，对于一个有较多个节点（N 个）的神经网络，有了随机失活层之后，就可以看作是 2^N 个模型的集合，但此时要训练的参数数目却是不变的，这就缓解了费时的问题。

　　随机失活强迫一个神经单元和随机挑选出来的其他神经单元共同工作，消除减弱了神经元节点间的联合适应性，增强了泛化能力。

　　实际上，随机失活层作为一种新的拟合手段效果是比较好的。随着人们对神经网络的深入研究，尝试直接对神经网络中某些"层"而非权重参数进行"随机失活"也是可行的。当然，这些不属于本书所讨论的范畴，有兴趣的读者可以自行参考相关书籍或资料进行学习。

3.4　本章小结

　　本章是深度学习比较偏理论的部分，也是较为基础的，通过结合深度学习中的卷积函数和激活、分类以及池化函数向读者介绍了这些函数在神经网络中的作用和存在意义。

　　使用这些函数组件对深度学习模型进行计算更像是模块化编程。例如，在本章使用卷积神经网络进行深度学习模型设计时，卷积层的作用是进行特征提取，激活函数的作用对每个卷积层进行切割，池化的作用是提取符合要求的特征，分类函数的作用是对所提取的特征进行最终分类。

　　这些"模块"在真实使用时并不是唯一的，而是根据需要对其进行调整和选择，选取最为合适的某个特定架构来使用，而这又需要模型设计者有较为丰富的经验。

第4章

水晶球的秘密
——信息熵、决策树与交叉熵

在水晶球面前毫无秘密可言，很多人都是通过动漫英雄吉普赛知道水晶球也是可以用来占卜的（见图4-1）。

图 4-1　占卜术

水晶球真的那么神奇吗？本章开始将以水晶球的占卜为例向读者展示其中蕴含的数学知识。本章的重点是 4.2 节交叉熵部分，请读者认真阅读。

4.1　水晶球的秘密

一个神秘的水晶球摆放在桌子中央，一个低层的声音（一般是女性）会问你许多问题。

问：你在想一个人，让我猜猜这个人是男性？

答：不是的。

问：这个人是你的亲属？

答：是的。

问：这个人比你年长。

答：是的。

问：这个人对你很好？

答：是的。

像前面的猜谜游戏，这个问题的最终答案可能是"母亲"。这是一个常见的游戏，但是如果将其作为一个整体去研究，整个系统的结构就如图 4-2 所示。

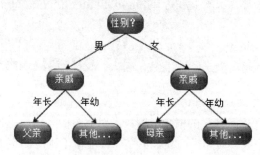

图 4-2　水晶球的秘密

这个游戏实际上就是一个决策树。决策树的定义就是在已知各种情况发生概率的基础上，通过构成决策树来求取净现值的期望值大于等于零的概率，评价项目风险，判断其可行性的决策分析方法，是直观运用概率分析的一种图解法。

4.1.1　水晶球的秘密概述

在项目流程图中，系统最高处代表根节点，是系统的开始。整个系统类似于一个项目分解流程图，其中每个分支和树叶代表一个分支向量，每个节点代表一个输出结果或分类。

决策树用以预测的是一个固定的对象，从根到叶节点的一条特定路线就是一个分类规则，决定这一个分类算法和结果。

由图 4-2 可以看到，决策树的生成算法是从根部开始的，输入一系列带有标签分类的示例（向量），从而构造出一系列的决策节点。其节点又称为逻辑判断，表示该属性的某个分支（属性），供下一步继续判定，一般有几个分支就有几条有向的线作为类别标记。

4.1.2　决策树的算法基础——信息熵

首先介绍决策树的理论基础，即信息熵。说到信息熵，首先不得不致敬信息论的伟大奠基者——香农（见图 4-3）。

图 4-3　香农

1948 年，香农提出了"信息熵"的概念，解决了对信息的量化度量问题。一条信息的信息量大小和它的不确定性有直接关系。比如说，要搞清楚一件非常不确定的事，或是我们一无所知的事，就需要了解大量的信息。相反，如果对某件事已经有了较多的了解，则不需要太多的信息就能把它搞清楚。所以，从这个角度可以认为信息量的度量就等于不确定性的多少。

信息熵指的是对事件中不确定的信息的度量。在一个事件或者属性中，其信息熵越大，含有的不确定信息越大，则对数据分析的计算也越有益。因此，信息熵的选择总是选择当前事件中拥有最高信息熵的那个属性作为待测属性。

如何计算一个属性中所包含的信息熵呢？

在一个事件中，需要计算各个属性的不同信息熵，需要考虑和掌握的是所有属性可能发生的平均不确定性。如果其中有 n 种属性，其对应的概率为 $P_1, P_2, P_3, \ldots, P_n$，且各属性之间出现时彼此相互独立无相关性，此时可以将信息熵定义为单个属性的对数平均值，即：

$$E(\mathrm{P}) = E(-\log P_i) = -\sum P_i \log P_i$$

为了更好地解释信息熵的含义，这里举一个例子。

小明喜欢出去玩，大多数情况下他会选择天气好的时候出去，但是有时候也会选择天气差的时候出去，而天气的标准又有如下 4 个属性：

- 温度
- 起风
- 下雨
- 湿度

为了简便起见，这里每个属性只设置两个值：0 和 1。温度高用 1 表示，温度低用 0 表示；起风是用 1 表示；没有风用 0 表示；下雨用 1 表示，没有雨用 0 表示；湿度高用 1 表示，温度低用 0 表示。表 4-1 给出了一个具体的记录。

表4-1　是否出去玩的记录

温度（temperature）	起风（wind）	下雨（rain）	湿度（humidity）	出去玩（out）
1	0	0	1	1
0	0	1	1	1
0	1	0	0	0
1	1	0	0	1
1	0	0	0	1
1	1	0	0	1

本例子需要分别计算各个属性的熵，这里以是否出去玩的熵计算为例演示计算过程。

根据公式首先计算出去玩的概率，其有 2 个不同的值：0 和 1。例如，第一列温度标签有两个不同的值：0 和 1。其中，1 出现了 4 次而 0 出现了 2 次。因此，根据公式可以得到：

$$p_1 = \frac{4}{2+4} = \frac{4}{6}$$

$$p_2 = \frac{2}{2+4} = \frac{2}{6}$$

$$E(o) = -\sum p_i \log p_i = -(\frac{4}{6}\log_2\frac{4}{6}) - (\frac{2}{6}\log_2\frac{2}{6}) \approx 0.918$$

可以得到出去玩（out）的信息熵为 0.918。与此类似，可以计算不同属性的信息熵，即：

- $E(t) = 0.809$
- $E(w) = 0.459$
- $E(r) = 0.602$
- $E(h) = 0.874$

4.1.3　决策树的算法基础——ID3 算法

ID3 算法是基于信息熵的一种经典决策树构建算法。根据百度百科的解释，ID3 算法是一种贪心算法，用来构造决策树。ID3 算法起源于概念学习系统（CLS），以信息熵的下降速度为选取测试属性的标准，即在每个节点选取尚未被用来划分的、具有最高信息增益的属性作为划分标准，然后继续这个过程，直到生成的决策树能完美分类训练样例。

因此，可以说 ID3 算法的核心就是信息增益的计算。

顾名思义，信息增益指的是在一个事件中前后发生的不同信息之间的差值。换句话说，在决策树的生成过程中，属性选择划分前和划分后不同的信息熵差值。用公式可表示为：

$$Gain(P_1, P_2) = E(P_1) - E(P_2)$$

表 4-1 构建的最终决策是要求确定小明是否出去玩，因此可以将出去玩的信息熵作为最后的数值，而每个不同的属性被其相减，从而获得对应的信息增益，其结果如下：

```
Gain(o,t) = 0.918 - 0.809 = 0.109
Gain(o,w) = 0.918 - 0.459 = 0.459
Gain(o,r) = 0.918 - 0.602 = 0.316
```

```
Gain(o,h) = 0.918 - 0.874 = 0.044
```

通过计算可得，其中信息增益最大的是"起风"，其首先被选中作为决策树根节点，之后对于每个属性继续引入分支节点，从而得到一个新的决策树，如图 4-4 所示。

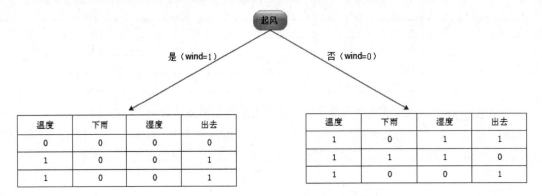

图 4-4　第一个增益决定后的分步决策树

其中，决策树左边节点是属性中 wind 为 1 的所有其他属性，而 wind 属性为 0 的被分到右边的节点。之后继续仿照计算信息增益的方法依次对左右节点进行递归计算，最终结果如图 4-5 所示。

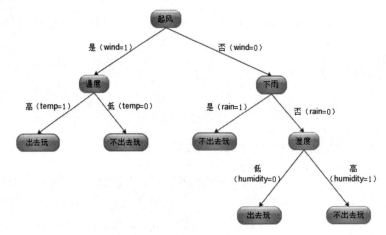

图 4-5　出去玩的决策树

从图 4-5 中可以看到，根据信息增益的计算可以很容易地构建一个将信息熵降低的决策树，从而使得不确定性达到最小。

通过上述分析可以看到，对于决策树来说，其模型的训练是固定的，因此生成的决策树也是一定的；其中不同的地方在于训练的数据集不同，这一点是需要注意的。

4.2　信息熵最重要的应用——交叉熵

下面开始进入本章最为重要的部分——交叉熵简介。

4.2.1 交叉熵基本原理详解

信息熵为单个属性的对数平均值，而交叉熵是信息熵论中的概念，它原本是用来估算平均编码长度的，在深度学习中可以看作通过概率分布 $q(x)$ 表示概率分布 $p(x)$ 的困难程度。其表达式为：

$$H(p,q) = \sum p(xi)\frac{1}{logq(xi)} = -\sum p(xi)\,softmax(logq(xi))$$

交叉熵刻画的是两个概率分布的距离，也就是说交叉熵值越小（相对熵的值越小），两个概率分布越接近。

可能有人会提出疑问，为什么 $\frac{1}{logq(xi)}$ 会在后续的计算中取其倒数？由于交叉熵的计算并不是给出的 $q(xi)$ 值，而是经过 softmax 函数计算后经过归一化的值，因此直接使用 $logq(xi)$ 的值替代。本章后面统一使用的公式是：

$$H(p,q) = \sum p(xi)\frac{1}{logq(xi)} = -\sum p(xi)(logq(xi))$$

下面给出一个具体样例来直观地说明通过交叉熵可以判断预测答案和真实答案之间的距离。假设有个 2 分类问题：y_1 与 y_2，当数据真实值是第一类时 y_1 值为 1，y_2 值为 0，反之亦然（这是一种独热编码的表述形式）。某个正确答案和一个经过 softmax 回归后的真实值与预测答案如表 4-2 所示。

表4-2 某个正确答案和一个经过softmax回归后的真实值与预测答案

	y_1	y_2
$p(x)$	1	0
$q_1(x)$	0.7	0.3
$q_2(x)$	0.3	0.7

其中，第一行 p 是数据的真实值，而两个 q 为预测值，则对于 q_1 和 q_2 计算后的交叉熵值为：

　　　　q1: corss_entropy([1,0], [0.7,0.3]) = −(1 * log(0.7) + 0 * log(0.3)) = 0.356

而：

　　　　q2: corss_entropy([1,0], [0.3,0.7]) = −(1 * log(0.3) + 0 * log(0.3)) = 1.2

可以看到 q_2 的交叉熵值远大于 q_1 的交叉熵值，也就是对于 q_1 来说，q_2 中的标识概率分布的困难程度（也就是"困惑度"或者"混沌度"）是大于 q_1 的，因此 q_1 的分布更为接近真实的分布。

下面是 cross_entropy 的具体实现，代码如下：

```python
import numpy as np
def cross_entropy(y_true,y_pred):
    ce = -(y_true * np.log(y_pred))
    return ce
```

这里与上面的公式和计算略有不同，使用了矩阵运算中的乘法运算，即直接将维度为 2×1 的矩阵相乘，形式如下：

$$log([1,0.] * [0.7,0.3]) = log([0.7,0.0]) = [0.356,0]$$

【程序 4-1】

```
import numpy as np

x = np.array([1,0.])
y = np.array([0.7,0.3])

def cross_entropy(y_true,y_pred):
    ce = -(y_true * np.log(y_pred))
    return ce

ce = cross_entropy(x,y)
print(ce)
```

最终打印结果如下所示:

```
[0.35667494 0.        ]
```

这里是对矩阵进行直接计算,所以最终的生成结果依旧是一个矩阵的形式。其实可以对这个结果做一个修正,即将生成的最终矩阵值求一个均值作为交叉熵的最终计算值。

修正后的交叉熵代码如下:

```
def cross_entropy(y_true,y_pred):
    ce = -(y_true * np.log(y_pred))
    ce = np.mean(ce)
return ce
```

实际上,在真实的使用中更多的是多分类问题而非二分类,下面以一个三分类的问题对问题进行解答(见表 4-3)。注意,这里依旧使用的是独热编码形式,即表示类别对应的值为 1,而非类别标签对应的是 0。

表4-3　三分类

	y_1	y_2	y_3
$p(x)$	1	0	0
$q_1(x)$	0.6	0.2	0.2
$q_2(x)$	0.1	0.6	0.3

将 q_1 带入交叉熵计算公式可得:

$$q1: corss\_entry([1,0,0],[0.6,0.2,0.2]) = -(1*\log(0.6) + 0*\log(0.2) + 0*\log(0.2))$$
$$= 0.51082562$$

q_2 的计算请读者自行完成,代码如下所示。

【程序 4-2】

```
import numpy as np

x = np.array([1,0.,0])
```

```
y = np.array([0.6,0.3,0.1])

def cross_entropy(y_true,y_pred):
    ce = -(y_true * np.log(y_pred))
    ce = np.mean(ce)
    return ce

ce = cross_entropy(x,y)
print(ce)
```

4.2.2　交叉熵的表述

交叉熵是对信息中包含"混沌度"的一种表述，下面以一个简单的二分类为例对这个问题进行讲解，参见表 4-4。

表4-4　简单的二分类

	y_1	y_2
$p(x)$	1	0
$q_1(x)$	0.5	0.5

这里生成了一组预测值[0.5,0.5]，而本身的数据又是二分类，显而易见计算结果对模型没有任何预测，完全是按照随机概率产生的（1/2 = 0.5）。

在知道这个前提的条件下将预测结果带入交叉熵公式，代码如下：

【程序 4-3】

```
import numpy as np

x = np.array([1,0.])
y = np.array([0.5,0.5])

def cross_entropy(y_true,y_pred):
    ce = -(y_true * np.log(y_pred))
    return ce

ce = cross_entropy(x,y)
print(ce)
```

生成的最终结果是：

```
[0.69314718 0.        ]
```

这里生成的值约为 0.693147。（将 x 中的 0 和 1 互换也会得到相同的值，有兴趣的读者自行完成。）

问题来了，0.693147 代表什么意思？对这个问题的解答需要回到交叉熵的定义公式：

$$H(p,q) = \sum p(xi) \frac{1}{\log q(xi)} = -\sum p(xi)\log q(xi)$$

由于在计算交叉熵的时候其真实值为 0 的那些预测值是不参与计算的，因此这个交叉熵公式可以继续化简，将 $p(xi)$ 直接用 1 来替代（因为 0 不参与计算，可以直接省略）：

$$H(p,q) = -\sum p(xi)\log q(xi) = 1 * -\log q(xi)$$

将 $-\log q(xi)$ 带入本例中继续对其进行化简可以得到：

$$corss\_entropy = -\log q(xi) = -\log\left(\frac{1}{2}\right) \qquad （\frac{1}{2} 的来历下面会解释）$$

$$= -(\log(1) - \log(2)) = \log(2)$$

因为分类的预测值是 0.5，也就是均等的分成是等可能性的，所以 $q(xi)$ 直接用预测值替代。

两边同时以 e 为底进行指数运算，那么最终的结果就是：

$$e^{corss\_entropy} = 2 \quad （这个数值实际上就是二分类的个数）$$

也就是说，交叉熵计算后得到的分类信息仍旧是 2，其中没有蕴含任何有用的信息在其中。

问题又来了，什么时候能够确定交叉熵能够确定预测值包含了有用的信息？将上述交叉熵推导公式进行一下还原：

$$corss\_entropy = -\log q(xi) = -\log\left(\frac{1}{N}\right) （N 是多分类的分类个数）$$

$$= -(\log(1) - \log(N)) = \log(N)$$

$$e^{corss\_entropy} = N$$

这里使用一般的符号替代了分类数目，当预测的每个值都是等可能时，交叉熵进行指数运算后的计算结果应该还是 N，而当预测值中包含了对结果的正确预测后，$e^{corss\_entropy}$ 会小于 N，而无效学习的情况下，$e^{corss\_entropy}$ 的结果会远大于 N。

$$e^{corss\_entropy} = N （模型没有学习）$$

$$e^{corss\_entropy} < N （模型学习较好）$$

$$e^{corss\_entropy} > N （模型无效学习）$$

例如，有 10 分类，也就是说数据有 10 种类别，如果深度学习在运算过程中计算出的 $e^{corss\_entropy}=7$ 就表明模型在较好地进行学习，对数据缩小了搜索空间，会有进一步的收敛直至最终答案，而这个答案往往是正确的唯一解，如果某个时刻 $e^{corss\_entropy}=17$ 则说明模型在进行无效学习，其非但没有缩小搜索空间反而在无限地增大无意义的搜索范围，因此模型在进行无效学习。

4.2.3　把无用的利用起来——交叉熵的改进 1（你想做科研吗？）

现在重新回到交叉熵的计算公式：

$$H(p,q) = \sum p(xi)\frac{1}{\log q(xi)} = -\sum p(xi)\log q(xi)$$

其中，$p(xi)$ 是数据的真实值，即真实标签。通过对交叉熵计算公式的推导可以看到，在公式计算时只计算了真实标签，也就是 $p(xi) = y\_true = 1$ 的值，而对于错误的分类值不予考虑。

实际上，深度学习在训练过程中对分类错误的交叉熵值也是需要计算在内的，因此在原有的交叉熵公式上可以对其进行一个修正，把原本不考虑其中的错误交叉熵值也予以计算。新修正后的公式如下（看不懂的话请看更下层的分布公式）：

$$H(p,q) = -\sum p(xi)\log q(xi) - \sum(1 - p(xj))\log(1 - q(xi))$$

其中，xi 部分是标签值为 1 的部分，而 xj 是标签值为 0 的部分。实际上，这就是一个分段函数，可表述如下：

$$H(p,q) = \begin{cases} -\sum p(xi)\log q(xi), & p(xi) = 1 \\ -\sum(1 - p(xi))\log(1 - q(xi)), & p(xi) = 0 \end{cases}$$

这样可以将标签值为 1 和 0 的部分全部考虑进去。上述公式的实现代码如下：

```python
def cross_entropy_new_1(y_true,y_pred):
    ce_1 = -((y_true) * np.log(y_pred))          #这里是 y_true = 1
    ce_2 = -((1 - y_true) * np.log((1 - y_pred)))  #这里是 y_true = 0
    ce = ce_1 + ce_2
    return ce
```

下面使用老数据而用新的公式进行测试，首先从二分类来看，程序如下：

【程序 4-4】

```python
import numpy as np

def cross_entropy_new_1(y_true,y_pred):
    ce_1 = -((y_true) * np.log(y_pred))          #这里是 y_true = 1
    ce_2 = -((1 - y_true) * np.log((1 - y_pred)))  #这里是 y_true = 0
    print(ce_1)       #这里打印了 ce_1 的值
    print(ce_2)       #这里打印了 ce_2 的值
    ce = ce_1 + ce_2#合成 ce_1 + ce_2
return ce

x = np.array([1,0.])
y = np.array([0.7,0.3])
print(cross_entropy_new_1(x,y))
```

打印结果如下所示：

```
[0.35667494 0.        ]
[0.        0.35667494]
[0.35667494 0.35667494]
```

其中，第一行是标签值为 1 的计算结果，第二行是标签值为 0 的计算结果，第三行是将 ce_1 和 ce_2 合成计算后的结果。在二分类中，无论 1 还是 0，其计算的值都是一样的，均为 0.35667494，这与二分类的性质有关。

用二分类的表述可能不是太明显，下面使用三分类数据重新对新的交叉熵进行计算，代码如下：

【程序 4-5】

```
import numpy as np

def cross_entropy_new_1(y_true,y_pred):
    ce_1 = -((y_true) * np.log(y_pred))          #这里是 y_true = 1
    ce_2 = -((1 - y_true) * np.log((1 - y_pred)))  #这里是 y_true = 0
    print(ce_1)
    print(ce_2)
    ce = ce_1 + ce_2
    return ce

x = np.array([1,0.,0])
y = np.array([0.7,0.2,0.1])
print(cross_entropy_new_1(x,y))
```

打印结果如下所示:

```
[0.35667494 0.          0.         ]
[0.          0.22314355 0.10536052]
[0.35667494 0.22314355 0.10536052]
```

随着分类的增多,标签为 0 的交叉熵的值也予以分别计算,这样在生成最后的交叉熵和的时候,所有的错误都被给予考虑。

下面说明使用改进后的交叉熵可能会出现的问题。这里为了演示而没有求均值,在真实使用时需要计算交叉熵的均值。

对于使用 log 计算的值,由于可能模型的学习能力较好而$(1 - q(xi))$能够非常快速地逼近极限值 1,而造成 log 计算出"nan"的结果,因此在真实的代码中常用截断函数进行替代,代码如下:

```
def cross_entropy_new_1(y_true,y_pred):
    #这里是 y_true = 1,加上了截断函数
    ce_1 = -((y_true) * np.log(np.clip(y_pred,1e-10,1.)))
    #这里是 y_true = 0,加上了截断函数
    ce_2 = -((1 - y_true) * np.log(np.clip(1 - y_pred,1e-10,1.)))
    ce = ce_1 + ce_2
    return ce
```

加上 clip 截断函数即可选取合适的参数。

4.2.4　交叉熵的作用与改进——解决正负样本数量差异过大

在深度学习中,模型在训练数据上学到的预测数据分布与真实数据分布越相近越好,而交叉熵天生具有对数据本身所携带信息的判定,可以作为一种对预测值与真实值差异的衡量。因此,在深度学习中交叉熵被认为是使用最为广泛的一种专用的损失函数。

下面说一下对交叉熵的改进。实际上交叉熵的缺点并不来源于交叉熵本身,而是来源于深度学习中数据的正负样本差异过大。

　　对于深度学习来说，数据的形式与种类往往是模型能够训练成功的一个重要决定因素，而真实世界汇总数据的获取与整理又是非常珍贵的。即使能够获得大量的真实数据作为深度学习的材料，往往也会有各种问题和不好的“噪声”夹杂在其中，这些噪声形式多样、来源丰富。最为常见的一种噪声就是数据正负样本数量差异过大。

　　正负样本数量差异过大的例子非常常见，例如在收集动物图片的过程中，常见的猫狗图片会有很多，种类丰富、形态姿势多种多样，而较为珍惜的雪豹或者江豚等本身数目就较少，被观测以及照片记录的数目则更少，保存的图片也会少得多。

　　强调一下，正负样本差异过大指的是多个类别中一些类的数据特别多、另一些类的数据量又特别少。例如，训练一个模型分辨雪豹、狗和鸟类的外形。狗和鸟类的图片特别容易获取，可以达到几千甚至上万张，而雪豹的图片可能只有几十、几百张。因此，对于雪豹这个类别来说，所有的其他狗或者鸟类的图片都是负样本。

　　一种新的交叉熵函数就是在现有的交叉熵计算基础上改进和设计出来的，其目的是为了解决样本数据中数据的类别严重不平衡的问题，一个非常简单而顺其自然的想法就是对不同的标签加上权重，对某些类别有较多数据的样本，则降低其计算的交叉熵结果，而对于较少数据的样本，增加交叉熵结果，改进后的公式如下：

$$H(p,q) = \begin{cases} \text{alpha} = 0.25 \\ -(1-\text{alpha}) * \sum (1 - p(xi))\log q(xi)，p(xi) = 1 \\ -(\text{alpha}) * \sum p(xi)\log(1 - q(xi))，p(xi) = 0 \end{cases}$$

　　这里实际上是在交叉熵基础上增加了一个 alpha 的权重。在标签为 1 的情况下，其交叉熵损失并不多，在标签为 0 的情况下，也就是对于负样本的计算，降低了其权重值，从而减少过多的负样本计算结果对整体的影响。

　　再补充说明一点，这里所说的正负样本不均衡是在同一个批次（Batch）中，也就是同一模型训练的同一批次中，例如上面的雪豹和狗的训练：

```
[1,1,1,1,1,1,1,2,1,1,1,1,1,1,……,1,1,1,1,1,1,  1,1,1,1,1,1]
```

　　每一个批次中有上百个标签，而其中只有一个标签为所需要判定的那个正样本，其他均为负，此时使用这个带有权重的交叉熵效果较好。修正后的代码如下所示：

```
alpha = 0.25
def cross_entropy_new_2(y_true,y_pred):
#这里是 y_true = 1，加上了截断函数
ce_1 = -((1-alpha) * (y_true) * np.log(np.clip(y_pred,1e-10,1.)))
#这里是 y_true = 0，加上了截断函数
    ce_2 = -(alpha * (1 - y_true) * np.log(np.clip(1 - y_pred,1e-10,1.)))
    ce = ce_1 + ce_2
    return ce
```

　　请读者自行带入计算。

4.2.5 交叉熵的作用与改进——解决样本的难易分类

对于标签相同的一些样本，即使深度学习模型通过训练能够正确分辨出模型的类别，也会存在一个难易度的问题。

例如，模型对同一个类别中不同样本的识别，第一个样本计算后交叉熵的值为 0.17，第二个样本的交叉熵值为 0.65，可以认为样本二相对于样本一来说是较难识别的样本。

我们从最朴素的解决方案上对这个问题进行考虑，一个最简单的解决办法就是降低其权重，因此新的交叉熵改进模型如下（这里使用的是不考虑正负样本均衡的交叉熵公式）：

$$H(p,q) = \begin{cases} r = 2 \\ -(1-q(xi))^r \sum p(xi)\log q(xi), \ p(xi) = 1 \\ -(q(xi))^r \sum (1-p(xi))\log(1-q(xi)), \ p(xi) = 0 \end{cases}$$

也就是在原始的交叉熵前面添加了一个权重系数$(1-q(xi))$和$q(xi)$，而 r 是一个用以平衡模型分辨难易程度的参数。

现在依旧以前面的例子为说明对象，第一个样本计算后交叉熵的值为 0.17，第二个样本的交叉熵值为 0.65，此时可以认为样本二相对于样本一来说是较难识别的。下面带入平衡后的交叉熵计算公式可以得到：

$$样本一：(1-0.17)^2 = 0.68 * 0.17 = 0.1156$$
$$样本二：(1-0.65)^2 = 0.1225 * 0.65 = 0.079$$

这样可以看到，相对于原本的交叉熵值，这里根据权重计算公式对其进行了压缩，较大幅度地降低了难分类的值，而较少幅度地降低了容易分类的计算值。

要理解这部分内容，需要有一定的深度学习模型训练经验。模型在训练过程中以批次的数量级同时对一组数据进行拟合训练，生成的最终交叉熵值是一个组内的交叉熵计算值的和，形如：

$$[0.1, 0.2, 0.12, 0.14, 0.52, 0.08, 0.04, 0.01, 0.001, 0.76]$$

其中第 5 个和第 10 个值的结果明显偏大，此时求全组均值时会将部分较低的个体值带偏，从而会影响这些已经能够正确分类的样本的计算。修正后的组内序列值请读者自行完成。

添加了难易权重后的交叉熵程序代码如下：

```
r = 2
def cross_entropy_new_3(y_true,y_pred):
#这里是 y_true = 1，加上了截断函数
ce_1 = -((1- y_pred) * (y_true) * np.log(np.clip(y_pred,1e-10,1.)))
#这里是 y_true = 0，加上了截断函数
    ce_2 = -( y_pred * (1 - y_true) * np.log(np.clip(1 - y_pred,1e-10,1.)))
    ce = ce_1 + ce_2
    return ce
```

4.2.6 统一后的交叉熵

下面求统一的交叉熵计算公式，基本原理已经在上面分步进行了讲述，下面将不同的公式拟合

在一起，新的公式如下：

$$H(p,q) = \begin{cases} \text{alpha} = 0.25 \\ r = 2 \\ -(1 - \text{alpha})(1 - q(xi))^r \sum p(xi)\log q(xi)，\ p(xi) = 1 \\ -(\text{alpha})(q(xi))^r \sum(1 - p(xi))\log(1 - q(xi))，\ p(xi) = 0 \end{cases}$$

代码如下所示：

```
alpha = 0.25
r = 2
def cross_entropy_new(y_true,y_pred):
#这里是 y_true = 1, 加上了截断函数
ce_1 = -((1- y_pred)ʳ * (y_true) * np.log(np.clip(y_pred,1e-10,1.)))
#这里是 y_true = 0, 加上了截断函数
    ce_2 = -( y_predʳ * (1 - y_true) * np.log(np.clip(1 - y_pred,1e-10,1.)))
    ce = ce_1 + ce_2
    return ce
```

下面对这个公式做一个变形。由于 $p((xi))$ 或者 $1 - p(xi)$ 项在参与计算时均为 1，因此可以将上面的公式简化为：

$$H(p,q) = \begin{cases} -(1 - \text{alpha})(1 - q(xi))^r \sum \log q(xi)，\ p(xi) = 1 \\ -(\text{alpha})\big(q(xi)\big)^r \sum \log(1 - q(xi))，\ p(xi) = 0 \end{cases}$$

实现的代码如下所示：

```
alpha = 0.25
r = 2
def cross_entropy_new(y_true,y_pred):
#这里是 y_true = 1, 加上了截断函数
ce_1 = -((1- y_pred)ʳ * np.log(np.clip(y_pred,1e-10,1.)))
#这里是 y_true = 0, 加上了截断函数
    ce_2 = -( y_predʳ * np.log(np.clip(1 - y_pred,1e-10,1.)))
    ce = ce_1 + ce_2
    return ce
```

4.3　本章小结

信息是一个很抽象的概念。人们常常说信息很多或者信息较少，却很难说清楚信息到底有多少，比如一本五十万字的中文书到底有多少信息量。

信息熵是一个数学上颇为抽象的概念，在这里不妨把信息熵理解成某种特定信息的出现概率。一般而言，当一种信息出现的概率更高时，表明它被传播得更广泛，或者说被引用的程度更高。

深度学习对损失函数的定义也是模拟了这种信息熵的计算，最常用的是交叉熵。本章着重介绍了交叉熵的内容和改进，实际上是在原始内容上做出改进的方法，也是一种科学研究的进程。

第5章

Mission Impossible !
——把不可能变成可能的机器学习

下面从一个简单的例子开始说起，如果一个图上有 3 个不同位置的点（见图 5-1），那么有可能画一条穿越了 3 个点的直线吗？

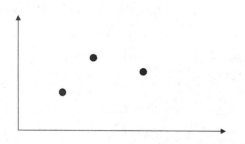

图 5-1　3 个不同位置的点

通过 2 个点可以定义一条直线，而通过 3 个点构成的直线可能是图 5-2 中的任意一个，而不会是通过所有的 3 个点。因此，画出一条能够通过这 3 个点的直线貌似是一个不可能完成的任务。

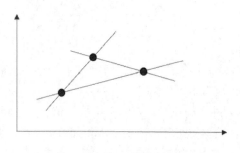

图 5-2　通过 3 个点构成的直线

退而求其次，有没有可能画出一条线，使得这条线能够最大限度地靠近而不是穿过这 3 个点，并且求出这条直线的拟合公式和最优参数呢？

That's a mission IMPOSSIBLE!

本章开始将介绍深度学习中一个非常大的部分——机器学习，着重强调模型也就是算法的应用，并且会介绍机器学习和深度学习中最基本的一些内容以及相应的 Python 实现。

可以说，对于深度学习或者泛化的一般机器学习而言，选择不同的算法对数据分析的过程和数据的需求有着极大的不同，其中最重要的部分就是算法的选择。从本质上来说，机器学习和数据分析就是一个对数据处理、分析、归类的过程，是人类多科学智慧发展的成果和结晶，它在进行过程运算的时候充分应用到了人工智能、神经网络、递归处理、边缘抉择等交叉学科的现有成果，因此它可以充分利用不同学科不同理论的关键思想。

5.1　机器学习基本分类

对于不同的学习目的和计算要求，机器学习在实际中按不同目的有着不同的分类（见图 5-3），其中包括基于学科的分类、基于学习模式的分类以及基于应用领域的分类。目前比较通用的学习算法和工具类包括统计、分类、回归、聚类、协同过滤、降维等。

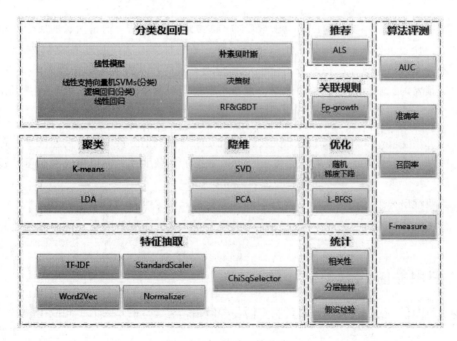

图 5-3　机器学习的分类

5.1.1　应用学科的分类

一般而言，机器学习在实际使用过程中主要应用和使用若干种学科的知识和内容，吸收兼并不同的思想和理念，从而使得机器学习最终的正确率提高，但是算法不同，学习过程和方式也不尽相同。机器学习在实际中所使用的学科方法主要分成以下几类：

- 统计学：基于统计学的学习方法，是收集、分析、统计数据的有效工具，描述数据的集中和离散情况，模型化数据资料。
- 人工智能：一种积极的学习方法，利用已有的现成数据对问题进行计算，从而提高机器计算和解决问题的能力。
- 信息论：信息的度量和熵的度量，对其中信息的设计和掌握。
- 控制理论：理解对象相互之间的联系与通信，关注于总体上的性质。

因此，可以说机器学习的过程就是不同的学科之间相互支撑、相互印证、共同作用的结果。机器学习的进步直接扩展了相关学科中人工智能的研究，取得了丰硕的成果，并且使得机器学习在原有基础上产生了更大层次的飞跃。

5.1.2 学习模式的分类

学习模式是指机器学习在过程训练中所使用的策略模式。一个好的学习模式一般是由两部分（数据和模型）所构成的。数据提供基本的信息内容，模型是机器学习的核心，使得通过机器学习能够将数据中蕴含的内容以能够被理解的形式保存下来。

一般来说，机器学习中学习模式的分类是根据数据中所包含的信息复杂度来分类的，基本可以分成以下几类：

- 归纳学习：归纳学习是应用范围最广的一种机器学习方法，通过大量的实例数据和结果分析，使得机器能够归纳获得该数据的一种一般性模型，从而对更多的未知数据进行预测。
- 解释学习：根据已有的数据对一般的模型进行解释，从而获得一个较为泛型的学习模型。
- 反馈学习：通过学习已有的数据，根据不断地获取数据的反馈进行模型的更新，从而直接获取一个新的、可以对已有数据进行归纳总结的机器学习方法。

因此，机器学习在学习模式上的分类实际上就是学习模型的分类。需要注意的是，在机器学习的运行过程中，模型往往跟数据的复杂度成正比，数据的复杂度越大，模型的复杂度就越大，计算就越为复杂。

不同的数据所要求的模型也是千差万别的，因此机器学习中学习模式的分类实际上是基于不同的数据集而采用的不同应对策略，基于应对策略的不同而选择不同的模型，从而获得更好的分析结果。

5.1.3 应用领域的分类

机器学习的最终目的是为了解决现实中的各种问题。通过机器学习的不同应用领域，可以分成以下几类：

- 专家系统：通过数据的学习，使得进行学习的机器获得拥有某个方面大量的经验和认识能力，从而使之能够利用相关的知识来解决和处理问题。
- 数据挖掘：通过对既有知识和数据的学习，从而能够挖掘出隐藏层在数据之中的行为模式和类型，从而获得对某一个特定类型的认识。
- 图像识别：通过学习已有的数据，获得对不同的图像或同一类型图像中特定目标的识别和认识。

- 人工智能：通过对已有模式的认识和学习，使得机器学习能够用于研究开发、模拟和扩展人的多重智能的方法、理论和技术。
- 自然语言处理：实现人与对象之间通过某种易于辨识的语言进行有效通信的一种理论和方法。

除此之外，基于机器学习的应用领域还包括对问题的规划和求解、故障的自动化分析诊断、经验的推理等，主要的分类如图 5-4 所示。

图 5-4　机器学习的主要分类

绝大部分机器学习都可以分成两类，即问题的模型建立和基于模型的问题求解。

问题的模型建立是指通过对数据和模式的输入做出描述性分析，从而确定输入内容的形式。基于模型的求解是指对输入的数据在分析后找出相关的规律，并利用此规律获取提高解决问题的能力。

5.2　机器学习基本算法

前面介绍过，根据不同的计算结果要求，机器学习可分成若干种，根据这些目的可将机器学习在实际应用中分成不同的模型和分类。机器学习还是一门涉及多个领域的交叉学科，也是多个领域的新兴学科，在实践中越来越多地用到不同学科中经典的研究方法，这些方法统称为算法。

5.2.1　机器学习的算法流程

对于机器学习来说，一个机器学习的过程是一个完整的项目周期，其中包括数据的采集、数据的特征提取与分类，之后采用何种算法去创建机器学习模型，从而获得预测数据。整个机器学习的算法流程如图 5-5 所示。

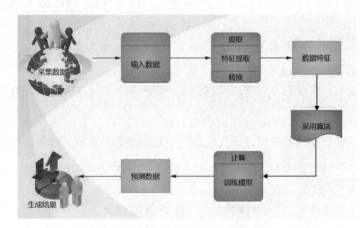

图 5-5　机器学习的算法流程

在一个机器学习的完整流程中，整个机器学习程序会使用数据去创建一个能够对数据进行有效处理的学习"模型"。这个模型可以动态地对自身进行调整和反馈，从而可以较好地对未知数据进行分类和处理。

从图 5-5 可以看到，一个完整的机器学习项目包含以下内容：

● 输入数据：通过自然采集的数据集，包含被标识的和未被标识的部分，作为机器学习的基础部分。

● 特征提取：通过多种方式对数据的特征值进行提取。一般而言，包含特征越多的数据，机器学习设计出的模型就越精确，处理难度也越大。因此，合适地寻找一个特征大小的平衡点是非常重要的。

● 模型设计：模型设计是机器学习中最重要的部分，根据现有的条件选择不同的分类，采用不同的指标和技术。模型的训练更多的是依靠数据的收集和特征的提取，这点需要以上各部分的支持。

● 数据预测：通过对已训练模式的认识和使用，使得学习机器能够用于研究开发、模拟和扩展人的多重智能的方法、理论和技术。

可以看到，整个机器学习的流程是一个完整的项目生命周期，每一步都是以上一步为基础进行的。

5.2.2　基本算法的分类

根据输入的不同数据和对数据的处理要求，机器学习会选择不同种类的算法对模型进行训练。算法训练的选择没有特定的模式，一般而言，只需要考虑输入的数据形式和复杂度以及使用者模型的使用经验，之后可以据此进行算法训练，从而获得最好的学习结果。

根据基本算法的训练模式，可将算法分成以下几个类别（见图 5-6）：

● 无监督学习：完全黑盒训练的一种训练方法，对于输入的数据在运行结束前没有任何区别和标识，也无法进行分类。完全由机器对数据进行识别和分类，形成特有的分析模型。训练过程完全没有任何指导，分析结果也是不可控的。

● 有监督学习：输入的数据被人为地分类，被人为地标记和识别。通过对人为标识的数据进行学习，不断修正和改进模型，使模型能够对给定的标识后的数据进行正确分类，以达到分类的标准。

● 半监督学习：通过混合有标识数据和无标识数据、创建同一模型对数据进行分析和识别，算法的运行介于有监督和无监督之间，最终使得全部输入数据能够被区分。

● 强化学习：通过输入不同的标识数据，使用已有的机器学习数据模型，通过不同的数据进行学习、反馈和修正现有模型，从而建立一个新的能够识别输入数据的模型算法。

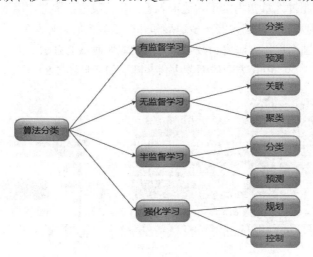

图 5-6 机器学习的算法分类

从图 5-6 可以看出，不同的算法有不同的目的和要求。机器学习在实际使用时有很多算法可供选择，而不同的算法又有很多修正和改变。对于某个特定的问题，选择一个符合数据规则的算法是很困难的。

一般目前用得比较多的是有监督学习和无监督学习，但是由于大数据的普及，更多的数据会产生大量的特征值缺失，因此未来的一段时间半监督学习逐渐变得热门和重点起来。

注 意

对于大多数的算法来说，通过机器学习可以较好地实现一个数据的分类和拟合的模型，其差别主要集中在功能和形式上。做好数据的分类基本可以较好地实现学习目的。

5.3 算法的理论基础

对于机器学习来说，最重要的部分是两个，即数据的收集以及算法的设计。在实际应用中，数据收集一般要求有具体的格式和要求，因此对其限制较多。对于算法的选择则较为灵活，可以根据需要选择适合数据流程的算法，进而进一步训练模型。

5.3.1 小学生的故事——求圆的面积

圆是自然界最重要和最特殊的图形，从古至今世界上对其研究非常深刻，甚至于将其视作神圣的图形进行膜拜。对于数学家来说，求圆的面积确实是对数学家能力的一次重要考验（见图 5-7）。

直接计算圆的面积很难。为了解决问题，数学家们想了很多办法，其中最简单的是使用替代法，即寻找一个矩形，使其面积能够等于或者近似等于圆的面积。

古今中外，为了解决这个问题，智慧的古人想了很多办法。

我国古代的数学家祖冲之从圆内接正六边形入手，让边数成倍增加，用圆内接正多边形的面积去逼近圆面积；古希腊的数学家从圆内接正多边形和外切正多边形同时入手，不断增加它们的边数，从里外两个方面去逼近圆面积；古印度的数学家采用类似切西瓜的办法，把圆切成许多小瓣，再把这些小瓣对接成一个长方形，用长方形的面积去代替圆面积（见图 5-8）。

图 5-7 这个圆的面积是多少

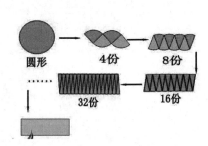

图 5-8 求解圆的面积

众多的古代数学家煞费苦心，巧妙构思，为求圆面积做出了十分宝贵的贡献，为后人解决这个问题开辟了道路。他们的方法无外乎使用近似的方法将一个圆切分成若干小等分，组合成一个矩形来替代圆。

这也是微积分的数学基础。

5.3.2 机器学习基础理论——函数逼近

对于机器学习来说，机器学习的算法理论基础即函数逼近。

在机器学习中，能够对标识或未标识的数据进行分类是机器学习的最终目的。分类的确定是由学习模型所创建的，模型的建立则又是根据算法的不同去拟合和创建的。

在机器学习的理论中，对于数据模型来说，找到一个完全符合数据分类的模型是不可能的，因此，借助于更多更细的对数据的划分去创建一个可以划分数据的模型是可行的。

图 5-9 展现了一个对不规则曲线求面积的方法。对于不规则的面积，一般情况下很难直接计算到面积的准确大小，但是可以通过变相地利用更多的小矩形组合在一起，当求出更多的小矩形面积之和时，即可近似地视为曲线面积之和。

这就是函数逼近的方法。

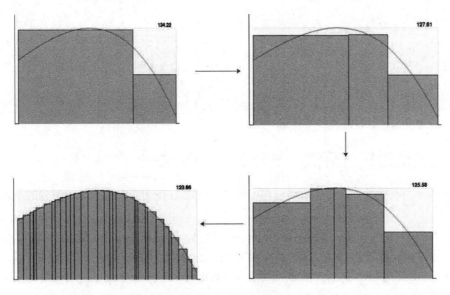

图 5-9　面积函数逼近图

　　一般来说，函数逼近在机器学习中是一个巨大的分类，其中包含着多种拟合方法和算法。图 5-10 展示了机器学习主要算法的分类。

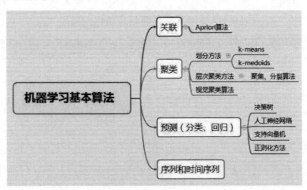

图 5-10　机器学习基本算法

　　从图 5-10 中可以看到，机器学习的基本算法内容包含多种机器学习的成熟算法，使用范围也相当广泛，在本书的后续章节中会逐一进行介绍。一般来说，函数逼近问题是被划分在预测算法之中的，主要应用在自然语言处理、网络搜索服务以及精准推荐等方面。

　　本节主要介绍机器学习中的函数逼近，其最常用和最重要的方法被称为回归算法。

5.4　回归算法

　　"回归"这个词据说最早出现于一位英国遗传学家的研究工作，他在平常的工作中注意到一个奇怪的现象，一般的孩子身高与父母的身高并不成正比，即并不是父母越高孩子越高。

他经过长时间的研究发现，若父母的身高高于一般的社会平均人群身高，则其子女身高具有较大可能变得矮小，即会比其父母的身高矮一些，更加向社会的普通身高靠拢。若父母身高低于社会人群平均身高，则其子女身高倾向于变高，即更接近于大众平均身高。此现象在其论文中被称为回归现象。

回归也是机器学习的基础。本节将介绍两种主要算法，即线性回归和逻辑回归，这是回归算法中最重要的部分，也是机器学习的核心算法。

5.4.1 函数逼近经典算法——线性回归算法

本书将尽量少用数学公式，而采用浅显易懂的方法去解释一些机器学习中用到的基本理论和算法。

首先是对回归的理论解释：回归分析（Regression Analysis）是确定两种或两种以上变数间相互依赖的定量关系的一种统计分析方法。按照自变量和因变量之间的关系类型，可分为线性回归分析和非线性回归分析。如果在回归分析中只包括一个自变量和一个因变量，且二者的关系可用一条直线近似表示，那么这种回归分析称为一元线性回归分析。如果回归分析中包括两个或两个以上的自变量，且因变量和自变量之间是线性关系，则称为多元线性回归分析。

换句话说，回归算法是一种基于已有数据的预测算法，其目的是研究数据特征因子与结果之间的因果关系。举个经典的例子，表 5-1 为某地区房屋面积与价格之间的一个对应表。

表5-1　某地区房屋面积与价格对应表

价格（千元）	面积（平方米）
200	105
165	80
184.5	120
116	70.8
270	150

为了简单起见，在该表中只计算了一个特征值（房屋的面积）以及一个结果数据（房屋的价格），因此可以使用数据集构建一个直角坐标系，如图 5-11 所示。

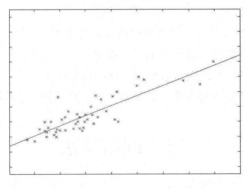

图 5-11　房屋面积与价格回归表

从图 5-11 可知，数据集的目的是建立一个线性方程组，能够对所有的点距离无限地接近，即价格能够根据房屋的面积大小决定。

同时可以据此得到一个线性方程组：

$$h_\theta(x) = \theta_0 + \theta_1 x$$

更进一步，如果将其设计成为一个多元线性回归的计算模型，例如添加一个新的变量"独立卧室数"，那么数据表如表 5-2 所示。

表5-2　某地区房屋面积与价格对应表

价格（千元）	面积（平方米）	卧室（个）
200	105	3
165	80	2
184.5	120	2
116	70.8	1
270	150	4

据此得到的线性方程组为：

$$h_\theta(x) = \theta_0 + \theta_1 x + \theta_2 x$$

可以看到，回归计算的建模能力是非常强大的，其可以根据每个特征去计算结果，能够较好地体现特征值的影响。同时从上面的内容可以看到，每个回归模型都可以由一个回归函数表现出来，这样能够较好地表现出特征与结果之间的关系。

以上内容为初等数学内容，读者可以较好地掌握。请不要认为这些内容不重要，这是机器学习中线性回归的基础。

5.4.2　逻辑回归不是回归——逻辑回归算法

本小节难度较大，读者可以不看数学理论部分。

逻辑回归主要应用在分类领域，实际上是一种分类算法，主要作用是对不同性质的数据进行分类标识。逻辑回归是在线性回归的算法上发展起来的，它提供一个系数 θ，并对其进行求值。基于此，可以较好地提供理论支持和不同算法，轻松地对数据集进行分类。

图 5-12 表示房屋面积与价格回归表，在这里使用逻辑回归算法对房屋价格进行分类。可以看到，其被较好地分成了 2 个部分，这也是在计算时要求区分的内容。

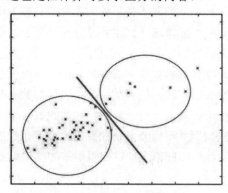

图 5-12　房屋面积与价格回归表

逻辑回归的具体公式如下：

$$f(x)\frac{1}{1+\exp(-\theta^{\mathrm{T}}x)}$$

与线性回归相同，这里的 θ 是逻辑回归的参数，即回归系数。如果将其进一步变形，使其能够反映二元分类问题的公式，则公式为：

$$f(y=1|x,\theta)\frac{1}{1+\exp(-\theta^{\mathrm{T}}x)}$$

这里 y 值是由已有的数据集中的数据和 θ 共同决定的。实际上，这个公式求的是在满足一定条件下最终取值的对数概率，即数据集的可能性的比值做对数变换得到。通过公式表示为：

$$\log(x)=\ln\frac{f(y=1\,|\,x,\theta)}{f(y=0\,|\,x,\theta)}=\theta_0+\theta_1 x_1+\theta_2 x_2+\ldots+\theta_n x_n$$

通过这个逻辑回归倒推公式可以看到，最终逻辑回归的计算可以转化成数据集的特征向量与系数 θ 共同完成，求得其加权和，得到最终的判断结果。

由前面的数学分析来看，最终逻辑回归问题又称为对系数 θ 的求值问题。这里读者只需要知道原理即可。

5.5 本章小结

在前面的内容中，已经介绍了机器学习的分类和常用算法，对最常用的算法原理进行了介绍。除了最基本的算法外，机器学习在实际应用中还有其他需要注意的地方。

机器学习算法的分类是多种多样的，可采用的算法也很多，在实际工作中采用何种算法就是一个令程序设计人员非常头疼的问题。

在前文介绍机器学习时已经举了一个例子，使用线性回归可以量化地计算出房屋面积、卧室与房屋价格之间的关系。也许这个关系不太精确，但是可以较好地反映出分类之间是否有联系，这点可以更好地帮助读者对一些不能够直接反映的量转化为量化处理。

除了一般性的训练方法外，线性回归对于特征值的选择也是较为简单的，可以选择一般性的数据作为其计算的特征值，在计算时也应该选择比较容易计算的拟合方程去构建机器学习模型，而线性回归均能够满足。

回到前面介绍的线性回归算法，其好处在于线性回归的计算速度非常快，一般模型建立的时间可以压缩到几分钟，甚至于数百吉字节的网络大数据，也可以在数小时之内完成，这样非常有利于借助分布式系统对大数据进行处理。其次，对于一些问题的求解，线性回归方法能够比其他算法有更好的性能。综合起来看，一些问题并不需要复杂的算法模型，而是需要对数据的复杂度和数据集的大小进行综合考虑，这样来看线性回归模型能够取得更好的整体模型算法效果。

第6章

书中自有黄金屋
——横扫股市的时间序列模型

经过前面大量理论和数学公式的洗礼，下面我们来看点有趣的内容，这个主题就是股市。

可能有人会有一种误解，认为股市是一个"赌场"，涨跌没有任何规律可言。股票市场的走势序列不是可以映射的任何特定静态函数，描述股票市场时间序列运动的最佳属性是随机游走。

作为随机过程，真正的随机游走没有可预测的模式，因此尝试对其进行建模将毫无意义。但是也有学说在一直强调股市的涨跌并不是一个随机过程，而是遵循某种规律在一个有规则的序列上前进，基于此可以理解股市走势这个时间序列很有可能有某种隐藏层模式。正是这些隐藏层的模式，使用深度学习预测股市走势成为一种可能。

6.1　长短期记忆网络

长短期记忆网络（Long Short Term Memory，LSTM）是一种特殊的 RNN 网络，用于解决长依赖问题。LSTM 网络（见图 6-1）由 Hochreiter ＆ Schmidhuber（1997）引入人工神经网络，之后有许多人对其进行了改进和普及。LSTM 被用来解决各种各样的问题，直到目前还被广泛应用。

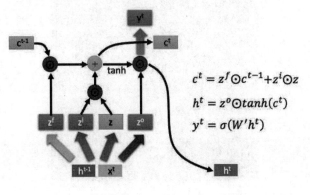

图 6-1　LSTM

6.1.1　Hochreiter & Schmidhuber 和 LSTM

在介绍 Hochreiter & Schmidhuber 前先举一个例子。例如，考虑用一个语言模型通过利用以前的文字信息来预测下一个文字。当计算机准备预测"天空中飞着一只鸟"里最后一个字"鸟"时，不太需要联系上下文；当预测"我来自于中国，中文说得很棒"里的"中文"时，则需要结合上文中的"中国"提示词共同完成。

人类在阅读文本信息的时候，会记忆之前看到或者理解过的信息对上下文的信息进行补充，在阅读当前文字时并不会忘记之前看到的内容，而是会联系以前的信息来帮助理解。

对于人类来说，这是一个非常简单的问题；对于学界来说，这是一个非常困难而且具有挑战性的问题。LSTM 就是为了解决这个问题而生的。LSTM 可以学习非常长的序列信息并建立相互之间的联系（见图 6-2）。在 LSTM 诞生之后，一个长期困扰学界的问题便是这样解决的。

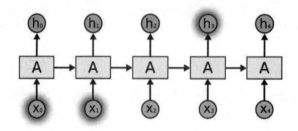

图 6-2　长序列并建立关系

在 1997 年，Schmidhuber 博士和 Sepp Hochreiter 发表了一篇技术论文，这篇论文对后来的视觉和语音上的快速进展起到了关键作用。这个方法被称为长短期记忆，简称为 LSTM。这个方法在刚引入到人工神经网络时并没有得到广泛的理解或接受，主要提供一种记忆形式或者说是一种神经网络的环境。

Jürgen Schmidhuber（见图 6-3）出生于德国，是瑞士人工智能实验室（IDSIA）的研发主任，被称为递归神经网络之父。Schmidhuber 本人创立的公司 Nnaisense 正专注于人工智能技术研发。此前，他开发的算法让人类能够与计算机对话，还能让智能手机将普通话翻译成英语。

图 6-3　Schmidhuber

一个神经网络需要进行上百万次的计算，而 LSTM 的代码旨在发现有趣的相关关系，在数据分析中增加时间文本内容，记住之前发生了什么，然后应用于神经网络，观察与神经网络接下来所发生的事情之间的联系，从而得出结论。

如此精巧而又复杂的设计让 AI（人工智能）自我发展、独自得出结论并发展成为一个更大的系统成为现实——基于大量文本的学习，达到语言中细微差别的自我学习。

Schmidhuber 将类似的 AI 训练比作人类大脑的一种筛选模式，即长时记忆会记住重要的时刻，而对于司空见惯的时刻则任之消失。"LSTM 能够学习将重要的事物放在记忆中，然后忽略掉不重要的内容。"他说。

如今，LSTM 在很多重要的领域里都能够表现出色，比如最出名的就是语音识别和语言翻译，还包括图片说明，即当我们看到一张图像时，就能够写下一段话解释我们所看到的内容。

6.1.2　循环神经网络与长短期记忆网络

长短期记忆网络(LSTM)设计之初就是为了解决序列模型中距离依赖的问题，在详细介绍LSTM之前简单说明一下"循环神经网络（RNN）"的基本结构（见图 6-4）。

任何一个 RNN 神经网络都是由若干个重复的神经网络模块构成的。在标准的 RNN 中，每个具有相同结构而相互独立的模块被重复链接在一起。

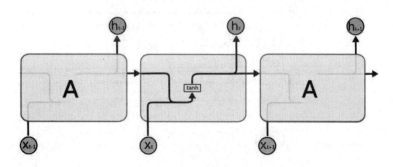

图 6-4　RNN

这是由 RNN 的串联性质构成的，太过于复杂的结构会使得计算资源的需求大为增加。

LSTM 也集成了这种网络结构，但是相对于传统的 RNN 架构，其中非常简单的处理函数或者称为"处理单元"的部分大为增加，由 1 个 tanh 处理函数增加到 4 个，图 6-5 展示了 LSTM 的结构。

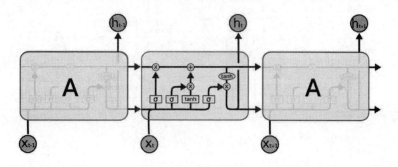

图 6-5　LSTM 的结构

在解释 LSTM 的详细结构时先定义一下各个符号的含义，如图 6-6 所示。

图 6-6　各个符号的含义

- 方框（黄色）：函数计算层，也称为"处理单元"，一般由单个函数或操作构成。
- 圆（粉红）：简单合并操作，向量的加减乘除。
- 单箭头：向量运行的方向。
- 箭头合并：表示向量的合并（concat）操作。
- 箭头分叉：表示向量的复制操作。

其中，处理单元如图 6-7 所示。

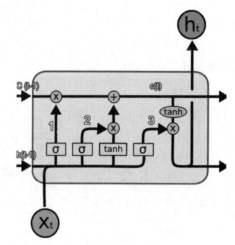

图 6-7　处理单元

需要额外说明的是，对于 LSTM 中的多个输出，其输出结构如图 6-8 所示。

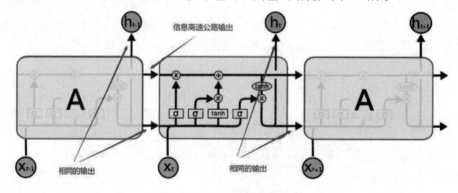

图 6-8　LSTM 中的多个输出

其中，h_{r1} 和 h_t 是 LSTM 中经过处理单元计算并输出的值，x_t 为原始的序列向量。而信息高速公

路 c_t 的输入输出是一个固定维度的特殊向量，包含整个序列中所有的有用信息。

实际上，LSTM 的整体设计思想就是围绕保留和更新 c_t 中向量信息这一个主要思想来完成的。

6.1.3　LSTM 的"处理单元"详解

LSTM 是继承并发扬了 RNN 架构的一种神经网络结构，与 RNN 一样是由一系列串联在一起的"处理单元"组成的。

1. 向量通过的"信息高速公路"

相对于传统的 RNN 处理单元，LSTM 做出的第一个重大改进就是加入了向量通过的"信息高速公路"，也可以称为细胞状态（Cell State）部分，如图 6-9 所示。

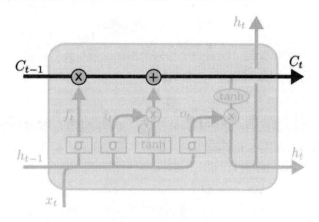

图 6-9　细胞状态

信息高速公路使得向量能够像传送带一样贯穿在整个处理单元中，这样既能保证向量信息能够无损伤地通过整个处理单元，也能够在进行误差反馈修正时不产生梯度消失或者发散。

"信息高速公路"这个理念并不只是在 LSTM 中使用，在卷积神经网络和图像识别中也有强大的作用和使用。

2. 控制信息通与截的"门"

除了能够让向量无损迅捷通过的"信息高速公路"，LSTM 的"处理单元"还有专门对信息进行"筛查"的"门"。"门"能够有选择性地决定让哪些信息通过。其实门的结构很简单，就是一个 sigmoid 层和一个向量点乘操作的组合，如图 6-10 所示。

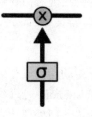

图 6-10　实门

sigmoid 层的输出是 0~1 的值（见图 6-11），代表有多少信息能够流过 sigmoid 层。0 表示都不能通过，1 表示都能通过。

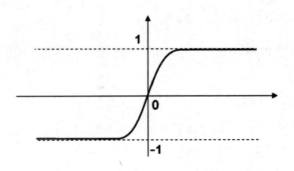

图 6-11　sigmoid 函数

从 LSTM 的处理单元可以看到，任何一个相同架构的处理单元都是由 3 个"门"构成的，这三个门分别被称为"遗忘门""输入门"和"输出门"。

（1）遗忘门

LSTM 处理单元的第一步就是决定哪部分向量信息需要被丢弃、哪部分信息需要被保留，可以通过一个"遗忘门"完成，如图 6-12 所示。

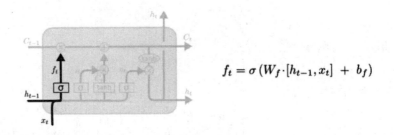

$$f_t = \sigma\left(W_f \cdot [h_{t-1}, x_t] + b_f\right)$$

图 6-12　遗忘门

这里详细讲一下，假设 c_{t-1}=[0.1,0.17,0.5]、h_{t-1}=[0.2,0.217,0.4]、x_t=[0.3,0.5217,0.7]，那么遗忘门的输入信号就是 h_{t-1} 和 x_t 的组合，即[0.2,0.217,0.4, 0.3,0.5217,0.7]，然后通过 sigmoid 神经网络层输出每一个元素都处于 0 到 1 之间的向量[0.3,0.12,0.45]。注意，此时[0.3,0.12,0.45]是一个与[0.1,0.17,0.5]维数相同的向量，均为三维。

输入信号明明是六维的向量，为什么经过遗忘门计算后就变成三维了？因为"遗忘门"的运算是一个矩阵内积公式，对维度进行了变化。

（2）输入门

下一步就是决定对"信息高速公路"中的信息进行更新，这一步实际上分成 2 个独立的部分完成。首先利用输入的 h_{t-1} 和 x_t 通过另一个 sigmoid 处理函数（输入门）来决定更新哪些信息，之后 h_{t-1} 和 x_t 会通过一个 tanh 层得到另一个和输入门处理计算后相同维度的向量信息，这些结果"有可能"会被信息高速公路中的 c_t 获取，如图 6-13 所示。

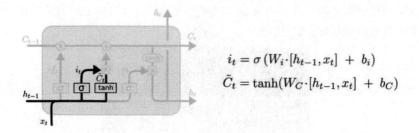

$$i_t = \sigma\left(W_i \cdot [h_{t-1}, x_t] + b_i\right)$$
$$\tilde{C}_t = \tanh(W_C \cdot [h_{t-1}, x_t] + b_C)$$

图 6-13　输入门

将旧的 c_{t-1} 向量信息更新后得到新的 c_t 向量信息，更新规则就是通过遗忘门选择忘记旧的 c_{t-1} 中部分信息，再经过输入门计算得到的 c_t，如图 6-14 所示。

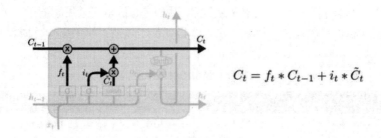

$$C_t = f_t * C_{t-1} + i_t * \tilde{C}_t$$

图 6-14　更新规则

（3）输出门

更新完信息高速公路后根据输入 h_{t-1} 和 c_t 来判断输出细胞的哪些特征，这里需要将输入经过一个输出门的 sigmoid 层得到判断条件，然后将细胞状态经过 tanh 层得到一个-1~1 之间值的向量，该向量与输出门得到的判断条件相乘就得到了最终该 LSTM 单元的输出，如图 6-15 所示。

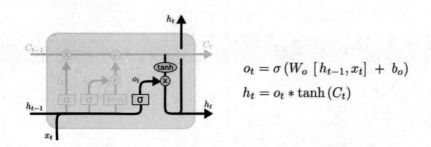

$$o_t = \sigma\left(W_o\left[h_{t-1}, x_t\right] + b_o\right)$$
$$h_t = o_t * \tanh\left(C_t\right)$$

图 6-15　输出门

6.1.4　LSTM 的实现与股市预测

1. 数据的准备

决定股票价格的影响因素很多，例如公司的经营状况、信誉、发展前景、股利分配政策以及公司外部的经济周期变动、利率、货币供应量和国家的政治、经济与重大政策等是影响股价波动的潜在因素，而股票市场中发生的交易量、交易方式和交易者成分等可以造成股价短期波动。另外，人为地操纵股票价格也会引起股价的涨跌。

图6-16　股票涨跌

本节只是作为示例向读者演示LSTM的实现和使用方法，这里仅采用了若干日的股市价格维度，即价格涉及的"开盘价""收盘价""最高价""最低价"以及"换手率"，如表6-1所示，仅供参考。

表6-1　股市的价格维度

序　号	开 盘 价	收 盘 价	最 高 价	最 低 价	换 手 率
01	5.1	4.87	5.1	4.66	10%
02	4.7	4.27	5.07	4.7	9%
…	…	…	…	…	…
100	5.8	6.2	6.3	5.52	10%

因为在本例中只考虑价格因素的影响，所以在设计 LSTM 时只需要其维度设置成[1,5]大小的输入和计算矩阵。

2. Python 的实现

基于前面的分析，这里实现的 LSTM 代码如下所示。

【程序 6-1】

```
import numpy as np

def sigmoid(x):
    return 1.0/(1.0 + np.exp(-x))

def tanh(x):
    return (np.exp(x) - np.exp(-x))/(np.exp(x) + np.exp(-x))

class myLSTM:
    def __init__(self, data_dim, hidden_dim=100):
        # data_dim: 词向量维度，即词典长度；hidden_dim: 隐藏单元维度
        self.data_dim = data_dim
        self.hidden_dim = hidden_dim

        # 初始化权重向量
        self.whi, self.wxi, self.bi = self._init_wh_wx()
```

```python
        self.whf, self.wxf, self.bf = self._init_wh_wx()
        self.who, self.wxo, self.bo = self._init_wh_wx()
        self.wha, self.wxa, self.ba = self._init_wh_wx()
        self.wy, self.by = np.random.uniform(-np.sqrt(1.0/self.hidden_dim),
np.sqrt(1.0/self.hidden_dim),
                             (self.data_dim, self.hidden_dim)), \
                      np.random.uniform(-np.sqrt(1.0/self.hidden_dim),
np.sqrt(1.0/self.hidden_dim),
                             (self.data_dim, 1))

    # 初始化 wh, wx, b
    def _init_wh_wx(self):
        wh = np.random.uniform(-np.sqrt(1.0/self.hidden_dim),
np.sqrt(1.0/self.hidden_dim),
                             (self.hidden_dim, self.hidden_dim))
        wx = np.random.uniform(-np.sqrt(1.0/self.data_dim),
np.sqrt(1.0/self.data_dim),
                             (self.hidden_dim, self.data_dim))
        b = np.random.uniform(-np.sqrt(1.0/self.data_dim),
np.sqrt(1.0/self.data_dim),
                             (self.hidden_dim, 1))

        return wh, wx, b

    # 初始化各个状态向量
    def _init_s(self, T):
        iss = np.array([np.zeros((self.hidden_dim, 1))] * (T + 1))  # input gate
        fss = np.array([np.zeros((self.hidden_dim, 1))] * (T + 1))  # forget gate
        oss = np.array([np.zeros((self.hidden_dim, 1))] * (T + 1))  # output gate
        ass = np.array([np.zeros((self.hidden_dim, 1))] * (T + 1))  # current
inputstate
        hss = np.array([np.zeros((self.hidden_dim, 1))] * (T + 1))  # hidden state
        css = np.array([np.zeros((self.hidden_dim, 1))] * (T + 1))  # cell state
        ys = np.array([np.zeros((self.data_dim, 5))] * T)     # output value

        return {'iss': iss, 'fss': fss, 'oss': oss,
                'ass': ass, 'hss': hss, 'css': css,
                'ys': ys}

    # 前向传播，单个 x
    def __call__(self, inputs):
        x = inputs
        # 向量时间长度
        T = len(x)
        # 初始化各个状态向量
        stats = self._init_s(T)

        for t in range(T):
            # 前一时刻隐藏层状态
            ht_pre = np.array(stats['hss'][t-1]).reshape(-1, 1)

            # input gate
            stats['iss'][t] = self._cal_gate(self.whi, self.wxi, self.bi, ht_pre,
x[t], sigmoid)
```

```
        # forget gate
        stats['fss'][t] = self._cal_gate(self.whf, self.wxf, self.bf, ht_pre,
x[t], sigmoid)
        # output gate
        stats['oss'][t] = self._cal_gate(self.who, self.wxo, self.bo, ht_pre,
x[t], sigmoid)
        # current inputstate
        stats['ass'][t] = self._cal_gate(self.wha, self.wxa, self.ba, ht_pre,
x[t], tanh)

        # cell state, ct = ft * ct_pre + it * at
        stats['css'][t] = stats['fss'][t] * stats['css'][t-1] + stats['iss'][t]
* stats['ass'][t]
        # hidden state, ht = ot * tanh(ct)
        stats['hss'][t] = stats['oss'][t] * tanh(stats['css'][t])

        # output value, yt = self.wy.dot(ht) + self.by
        stats['ys'][t] = (self.wy.dot(stats['hss'][t]) + self.by)


    return np.array(stats['css'])

# 计算各个门的输出
def _cal_gate(self, wh, wx, b, ht_pre, x, activation):
    return activation(wh.dot(ht_pre) + wx.reshape(-1,1) + b)
```

3. LSTM 的计算结果

下面测试 LSTM 的实现，这里使用一个 NumPy 随机生成的数据来计算输出结果，代码如下：

```
stocklstm = myLSTM(1,5)                          #初始化 LSTM
inputs = np.random.random(size=(100,5))          #创建一个[100,5]大小的价格矩阵
stock_price = stocklstm(inputs)                  #计算
print(stock_price.shape)                         #打印出最后的价格维度
```

可以看到最终的打印结果如下所示：

```
(101, 5, 1)
```

这里只输入了前 100 个维度值，生成的第 101 个为经过计算后新的预测值。

在这里再次强调，本例中演示的股票计算代码是为了向读者介绍 LSTM 的实现，不能作为任何股票买卖判断的依据。同时相比于真正在深度学习中使用的 LSTM 还欠缺很多组件，例如反馈函数、梯度计算函数以及预测函数。

6.2 LSTM 的研究发展与应用

LSTM 是 Schmidhuber 与其弟子 Hochreiter 在 1997 年提出的，伴随着时间发展其研究与改进越来越广泛。

6.2.1　LSTM 的研究发展

前面已经对 LSTM 的基本构建和结构模块做了一个详细的介绍，下面介绍几种改进。

1. 增加了"窥视孔"的 LSTM

这是 2000 年 Gers 和 Schmidhuber 在原始的 LSTM 基础上提出的一种新的 LSTM 变体。在传统的 LSTM 结构基础上为每个门（遗忘门、记忆门和输出门）增加一个"窥视孔"（Peephole），如图 6-17 所示。

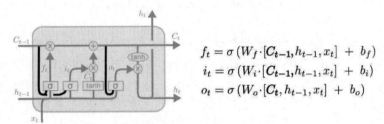

$$f_t = \sigma\left(W_f \cdot [C_{t-1}, h_{t-1}, x_t] + b_f\right)$$
$$i_t = \sigma\left(W_i \cdot [C_{t-1}, h_{t-1}, x_t] + b_i\right)$$
$$o_t = \sigma\left(W_o \cdot [C_t, h_{t-1}, x_t] + b_o\right)$$

图 6-17　新的 LSTM-1

这样做的目的是增加了向量信息的通路，使得各个门在计算时能够获取更多的 c_t 信息，在此基础上有的研究者选择在不同的门上选择性地加装窥视孔。

2. 整合遗忘门和输入门

与传统的遗忘门和输入门分离的架构不同，整合了遗忘门与输入门的一种新的 LSTM 架构被提出，如图 6-18 所示。

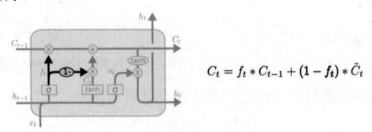

$$C_t = f_t * C_{t-1} + (1 - f_t) * \tilde{C}_t$$

图 6-18　新的 LSTM-2

这种新的 LSTM 不需要分开来确定哪些是需要被遗忘、哪些是需要被记住的信息，而采用同一个结构对其进行处理。遗忘门的计算函数依旧使用 sigmoid 来计算，与 LSTM 相同，遗忘门的输出信号值依旧保持在 0 和 1 之间，用 1 减去该数值来作为记忆门的状态选择，表示只更新需要被遗忘的那些信息的状态。

3. 目前最常用的一种变体——门控循环单元

LSTM 可以用于对长短期记忆进行存储和选择，它有一个先天的劣势，就是计算复杂度高，需要耗费大量的计算资源。这和 LSTM 的原生构建有关。

2014 年提出来的门控循环单元（Gated Recurrent Unit，GRU）是一个改进比较大的 LSTM 变体，如图 6-19 所示。

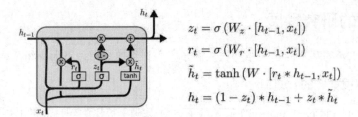

$$z_t = \sigma\left(W_z \cdot [h_{t-1}, x_t]\right)$$
$$r_t = \sigma\left(W_r \cdot [h_{t-1}, x_t]\right)$$
$$\tilde{h}_t = \tanh\left(W \cdot [r_t * h_{t-1}, x_t]\right)$$
$$h_t = (1 - z_t) * h_{t-1} + z_t * \tilde{h}_t$$

图 6-19 门控循环单元（GRU）

GRU 主要包含 2 个门：重置门和更新门。GRU 体现为混合了信息高速公路状态 c_t 和 h_t 的一个新的门控电路。

概括来说，LSTM 和 GRU 都是通过各种门函数来将重要特征保留下来的，这样就保证了信息向量在传播的时候不会丢失。此外，GRU 相对于 LSTM 少了一个门函数，因此在参数的数量上也是要少于 LSTM 的，所以整体上 GRU 的训练速度要快于 LSTM。不过对于两个网络的好坏还是得看具体的应用场景。

6.2.2 LSTM 的应用前景

LSTM 是用于时间序列分析的一种深度学习模型，特点是具有时间循环结构，可以很好地刻画具有时空关联的序列数据，包括时间序列数据（气温、车流量、销量等）、文本、事件（购物清单、个人行为）等。可以简单地理解为 LSTM 是一种基于神经网络的自回归模型。

在自然语言处理领域，大家经常用 LSTM 对语言建模，即用 LSTM 提取文本的语义语法信息，然后和下游模型配合起来做具体的任务，比如分类、序列标注、文本匹配等，如图 6-20 所示。

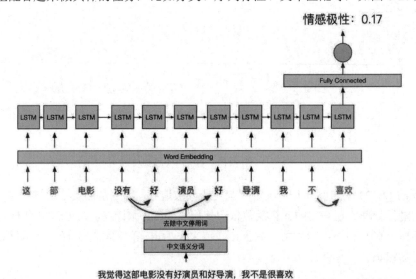

图 6-20 使用 LSTM 进行情感分类

在一些场景里，我们需要基于事件序列预测接下来会发生的事情，比如用户已经买了若干商品，需要预测接下来可能买的商品，这时就可以使用 LSTM，如图 6-21 所示。

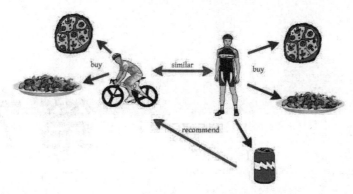

图 6-21　预测接下来会发生的事情

在另外一些场景中，LSTM 根据其对时间序列的分析可以对交通情况进行预测，如图 6-22 所示。例如，在航空领域，一架飞机每天要完成多个航班的飞行任务，就形成了一个航班序列，如果飞机在一个航班任务中发生了延误，那么该延误可能会沿着航班序列进行传播。

图 6-22　预测交通情况

使用 LSTM 架构的深度学习模型可以很好地模拟出飞机的延误和航班序列传递情况。

6.3　本章小结

LSTM 通过门控状态来控制传输状态，记住需要长时间记忆的信息，忘记不重要的信息；而不像其他的时间序列记忆算法那样只能够"呆萌"地仅有一种记忆叠加方式。因此，LSTM 对很多需要"长期记忆"的任务来说，尤其好用。

因为引入了很多内容，导致参数变多，使得训练难度加大了很多，所以在实践中往往会使用效果和 LSTM 相当但参数更少的 GRU 来构建大训练量的模型。

在自然语言处理中，LSTM 一度占据了主流深度学习的首选，但是随着人们对自然语言模型的认识，Attention 模型被公认为自然语言模型建模的首选，这将在后面章节给予介绍。

第7章

书中自有颜如玉——GAN is a girl

生成式对抗网络（Generative Adversarial Network，GAN，见图 7-1）是一种包含两个网络的深度神经网络结构，将一个网络与另一个网络相互对立（因此称为"对抗"）。自 2014 年 Ian Goodfellow 提出了 GAN（Generative Adversarial Network）以来，对 GAN 的研究可谓如火如荼。

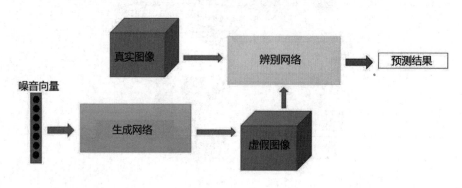

图 7-1　GAN

从目前对 GAN 的研究和应用上来看，GAN 的潜力巨大，因为它们能学习、模仿任何数据分布，所以 GAN 能被"教导"在任何领域创造类似于真实世界的东西，比如图像、音乐、演讲、散文。在某种意义上，GAN 可当作是一个机器人艺术家，它们的输出令人印象深刻，甚至能够打动人们。

7.1　GAN 的工作原理详解

为了理解 GAN， 读者需要知道 GAN 是如何工作的，然而实际上 GAN 的组成和工作原理非常简单，即"生成器"+"判别器"＝"GAN"。

GAN 是一种生成式的对抗网络，再具体一点就是通过对抗的方式去学习数据分布的生成式模型。所谓的对抗，指的是生成网络和判别网络的互相对抗。生成网络尽可能生成逼真样本，判别网络则尽可能去判别该样本是真实样本还是生成的假样本。

7.1.1　生成器与判别器共同构成一个 GAN

生成器（Generator）与判别器（Discriminator）共同构成了一个 GAN。在介绍 GAN 之前，我们先对生成器和判别器的作用做一个解释。

对于判别器来说，给它一幅画，判别器中的判别算法能够判别这幅画是不是由真正的画家完成的（见图 7-2）。画的真假是给予判别器的生成标签之一，而这幅画本身的向量特征就组成了输入的特征向量。

图 7-2　判别一幅画

把上述内容用数学形式表示出来，将标签定义成 y、特征向量定义成 x，那么判别器的判定公式就是：

$$\text{discriminator} = p(y\,|\,x)$$

也就是根据输入的 x 特征向量定义出 y 的概率。在上面的画与判别器的例子中，输入向量也就是画的特征被定义成 x，而判别器对画的判定是 y，即判别器对这幅画判定真伪的概率。因此，判别算法是将特征映射为概率，判别器只关心其中的特性是否满足概率生成的条件。

生成器的做法恰恰相反，它不关心向量是什么形式和什么内容的，只关心给定标签信息，尝试由给定的标签内容去生成特征。

同样以画为例，生成器需要考虑的是，假定这个画是由真实画家完成的，那么这些画中需要包含哪些画家的特征信息，这些信息又是什么样的，怎么将其展示出来让"别人（判别器）"认为这幅画是画家本人的真迹。这和人类思考的过程相似。

判别器关心的是由 x 判断出 y，而生成器关心的是如何生成一个 x 去满足对 y 的判定，用公式表示如下：

$$\text{Generator} = p(x\,|\,y)$$

生成器与判别器的区别总结如下：

- 判别器：学习不同类别和标签之间的区分界限。
- 生成器：学习标签中某一类的概率分布进行建模。

7.1.2 GAN 是怎么工作的

简单地说，GAN 的工作原理就是使用生成器去生成新的具有一定特征的向量内容，并且将生成的向量内容输入到判别器中去对其进行验证，评估这些向量内容为真或假的概率。

手写字体作为交易的依据是最常见的一种存根方式，有的不法分子可能会通过仿造别人的手写数字进行诈骗，特别是在银行领域，如图 7-3 所示。

图 7-3 冒领支票

在这个过程中，生成器的作用就是根据标签的类别进行特征生成，最终生成具有真实手写特征的一系列数字，而判别器的目标就是当其被展示一个手写数字时能够识别出这个数字的真实性，如图 7-4 所示。

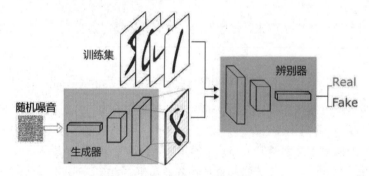

图 7-4 识别出数字的真实性

在这个过程中，GAN 所采取的步骤如下：

- 生成器接收随机数，然后返回一张图片。
- 这张图片和真实数据集的图片流一起被送进判别器。
- 判别器接收真实的图片和虚假的图片，然后返回概率——一个 0~1 之间的数字，1 代表为真实的预测，0 代表是假的。

可以把 GAN 想象成猫鼠游戏中伪造者和警察的角色，伪造者在学习传递虚假票据，警察正在学习检测这些票据。双方都是动态的，也就是说，警察也是在训练（就像中央银行正在为泄漏的票据做标记），并且双方在不断升级中学习对方的方法。

需要强调的是，在这个过程中生成器与判别器是一个循环过程。随着生成器与判别器能力的提升，其对应的生成和判别能力越来越强。这样实际上也就构成了一个反馈链接：

● 判别器和图片的标签构成一个反馈。
● 生成器和判别器构成一个反馈。

7.2　GAN 的数学原理详解

GAN 的理解非常简单，生成器的作用是根据标签信息生成具有一定特征的特性向量，而判别器的作用是对生成的特征向量进行判别。生成器与判别器在这个循环中相互成长，从而增加各自的能力。

7.2.1　GAN 的损失函数

GAN 在对抗的过程中去学习真实数据分布，生成的模型尽可能逼近真实样本的数据。判别模型则尽可能判定这个样本的真实性。

对于 GAN 的数学原理分析，我们首先从损失函数上开始。

图 7-5 中的一个随机变量（通常为一个随机的正态分布噪音）通过生成器 generator 生成一个 X_{fake}，判别器根据输入的数据 X_{data}（可能是判别器生成的 X_{fake}，也可能是真实样本 X_{real}）进行判定。

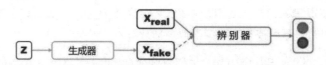

图 7-5　GAN 的数学原理分析

对于损失函数的确定，正如前面所介绍的反馈过程，要分别独立进行判定，即：

（1）在判别器中，判别器和图片的标签构成一个反馈：

$$discriminator = -p(x)(logD(x)) = (E_{x \sim x_{data}})(logD(x))$$

$D(x)$ 是判别器的计算输出结果，$E_{x \sim x_{data}}$ 输入数据含有的真实标签，此时判别器所计算的目标来自于真实数据。负号的翻转是由于 $D(x)$ 本身就是一个神经网络计算模型，对其计算后的值可以消去负号。

（2）生成器和判别器构成一个反馈：

对于生成器来说，其公式如下：

$$Generator = (E_{x \sim G(z)})(log(1 - D(G(z)))$$

对于生成器的理解略微复杂一些，为了尽可能欺骗判别器 D，需要最大化判别器对生成器生成的特征概率 $D(G(z))$，而 Z 是输入的随机噪声，在这个基础上 $1 - D(G(z))$ 获得最大概率。$(E_{x \sim G(z)})$ 则是告诉判别器输入的向量数据来自于生成器。

（3）合成后的总优化目标是：

$$loss = (E_{x \sim X_{\text{data}}})(\log D(x)) + (E_{x \sim G(z)})(\log(1 - D(G(z))))$$

总的训练目标叠加了生成器与判别器交叉熵损失之和。在实际训练时，生成器和判别器采取交替训练的方式，即先训练 D 再训练 G，不断往复，从而达到最终的平衡，使得模型收敛。

7.2.2　生成器的数学原理——相对熵简介

简单来说，任何一组具有相似标签的数据 X_{data} 都可以认为服从相同的分布 $P_{\text{data}}(x)$。对于以随机正态分布 z 为输入的生成器来说，$P_G(z; \Theta)$ 是生成器的输出，即以参数 Θ 为学习参数对 z 的修正。注意，如果生成的 $P_G(z; \Theta)$ 是一个正态分布，那么 Θ 就是这个正态分布的均值和方差（见图 7-6）。

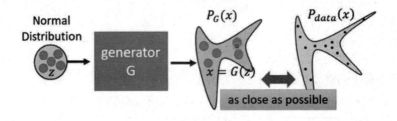

图 7-6　生成器生成分布的数学原理

通过学习参数 Θ 使得 $P_G(z; \Theta)$ 最大限度地接近真实数据 $P_{\text{data}}(x)$，那么这个参数构成的神经网络就被称为生成器。对 Θ 的估算也被称为"极大似然估计"。

$$\Theta^* = \int P_{\text{data}}(x) \log(P_G(z; \Theta)) dx - \int P_{\text{data}}(x) \log D(x) dx = \text{KL}(P_{\text{data}}(x) \| P_G(z; \Theta))$$

一个非常简单的求 Θ 的方法就是计算并最小化 $P_G(z; \Theta)$ 与 $D(x)$ 的差值，这种差值被称为 KL 散度（Kullback-Leibler Divergence，是一种量化两种概率分布 P_1 和 P_2 之间差异的方式，又叫相对熵）。

KL 散度的概念我们不做过多介绍。

通过相对熵获取生成器 Θ 的方式固然可以，然而此时一个非常大的问题是采用最大熵模型的拟合会使得模型过于复杂，同时生成目标不明确（分布的拟合需要非常复杂的网络和庞大的计算量以及耗费相当长的时间）。因此，GAN 采用神经网络替代了最大熵的计算过程，直接使用生成器拟合了一个完整的分布计算模型，使输入的噪声 z 能够直接被拟合相似于真实数据的分布，如图 7-7 所示。

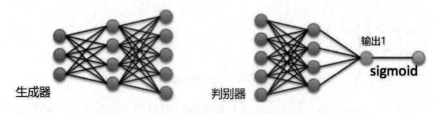

图 7-7　采用神经网络替代最大熵的计算过程

此时用生成器代替 $P_G(z; \Theta)$，用判别器代替 $P_{\text{data}}(x)$ 去约束 Generator，不再需要似然估计，而采用使用神经网络直接对这个分布变换进行拟合。

整个训练过程简单说就是交替下面的过程：

● 固定 G 中所有参数，收集真实图片 + 虚假图片，用梯度下降法修正 D。
● 固定 D 中所有参数，收集虚假图片，用梯度下降法修正 G。

由于涉及反馈的处理，同时代码本身也不是很难，在这里就不再展示了，有兴趣的读者可以自行完成。

7.2.3　GAN 的应用前景

自从诞生以来，GAN 的发展取得了令人瞩目的成就。GAN 最早的原型是自动编码器和变分编码器，是为了让计算机能够从事绘画、创作诗歌等具有创造性的工作而构建的。在此基础上，2014年诞生了 GAN。

GAN 的应用场景非常广泛，包括图像生成、图像转换、图像合成、场景合成、人脸合成、文本到图像的合成、风格迁移、图像超分辨率、图像域的转换（换发型等）、图像修复等。

1. 风格迁移

妆容迁移（见图 7-8）常用于将参考图像的妆容迁移到目标人脸上，实际上也是一种风格迁移。

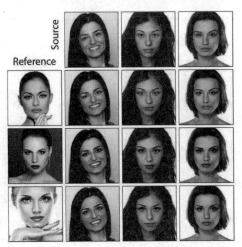

图 7-8　妆容迁移

2. 虚拟换衣

虚拟换衣也就是给定某款衣服图像，让目标试衣者虚拟穿上。该应用主要对上身换装。模型会首先提取目标人物的姿态骨骼点、身体形状二值图、头部三部分，构成"不带衣服信息的身体表征"，加上旗袍图像，作为网络的输入，通过两阶段网络由粗到细地生成穿上衣服的效果。国际上已有的 ClothFlow 工具生成衣服的效果如图 7-9 所示。

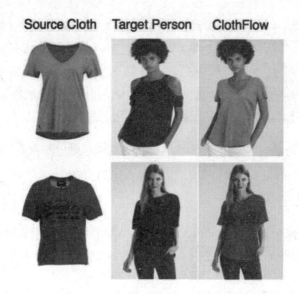

图 7-9　虚拟换衣

3. 生成图像数据集

人工智能的训练是需要大量数据集的，如果全部靠人工收集和标注，那么成本是很高的。GAN 可以自动生成一些数据集，提供低成本的训练数据，如图 7-10 所示。

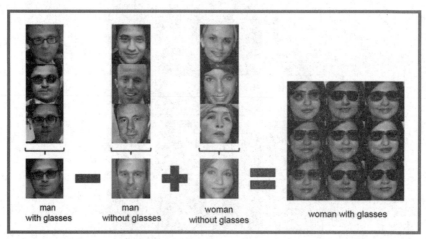

图 7-10　自动生成数据集

4. 图像到图像的转换

简单地说，图像到图像的转换就是把一种形式的图像转换成另外一种形式的图像，就好像加滤镜一样神奇。例如，把草稿转换成照片、把卫星照片转换为 Google 地图的图片、把照片转换成油画、把白天转换成黑夜等，如图 7-11 所示。

图 7-11　图像到图像的转换

5. 照片修复

假如照片中有一个区域出现了问题（例如被涂上颜色或者被抹去了），那么 GAN 可以修复这个区域，还原成原始状态，如图 7-12 所示。

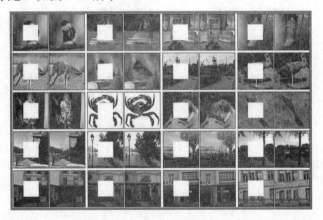

图 7-12　照片修复

6. 姿势引导人像生成

通过姿势的附加输入，我们可以将图像转换为不同的姿势。例如，图 7-13 右上角的图像是基础姿势，右下角是生成的图像。

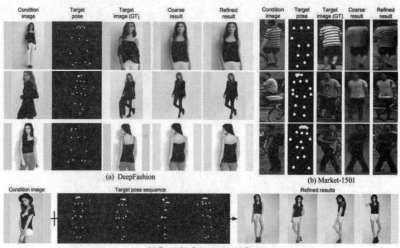

图 7-13　姿势转换

7. 音乐的产生

GAN 可以应用于非图像领域，如作曲，如图 7-14 所示。

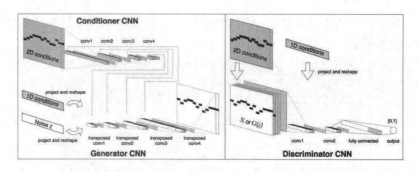

图 7-14　作曲

8. 医疗（异常检测）

GAN 还可以扩展到其他行业，例如医学中的肿瘤检测，如图 7-15 所示。

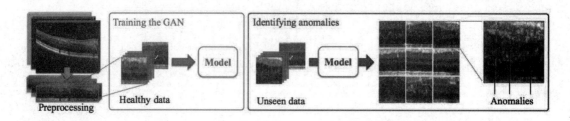

图 7-15　医学中的肿瘤检测

7.3　本章小结

如同其他一些具有非常大研究价值和潜力的学科，GAN 的发展越来越受关注，研究也越发深入。GAN 采用简单的生成与判别关系，在大量重复学习运算之后，可能带来的行业想象力十分巨大。从基本原理上看，GAN 可以通过不断的自我判别来推导出更真实、更符合训练目的的生成样本。这就给图片、视频等领域带来了极大的想象空间。

本章只是肤浅粗略地对 GAN 进行介绍，对它的结构组成和数学表达进行说明，随着人们对其研究的深入，更多基于 GAN 的探索和应用还会陆续被发现和实现。

第8章

休息一下，让我们玩一把 TensorFlow

是时候休息一下啦！在踏入后续复杂和烦人的学习之前，为什么不先在"游乐场"里玩一会呢？

Google 在大力推广 TensorFlow 的同时，还在网上发布了一个新的网站——TensorFlow 游乐场（TensorFlow Playground）。在正式讲解后面的内容之前，先介绍一下这个游乐场。

通过浏览器的自由操作，可以让读者按自己的意愿训练神经网络，并将结果以图形的形式反馈给使用者，以便更加便捷地理解其背后复杂的理论和公式。

本章的第 2 节将介绍 TensorFlow 的一些基本内容，全部都是基本概念和术语，在学习的过程中可能会有些枯燥，因此建议读者一边玩游乐场一边看，以便加深理解。

8.1 TensorFlow 游乐场

NumPy 的诞生是为了弥补 Python 本身数组的局限性。Python 本身的数组在设计时就存在局限性，例如保存的对象是指针，在进行计算时，结构和形式比较浪费内存，会加大 CPU 的运行时间。其次，相对于 Python 本身的 array 模块，虽然其能直接保存数值，但是鉴于 array 本身的设计问题，array 在创建和计算时并不支持多维函数，因此它并不适合数值计算。

8.1.1 让我们一起来玩吧

打开 TensorFlow 游乐场的首页，如图 8-1 所示。

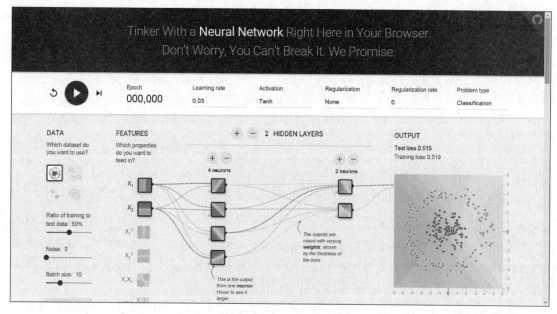

图 8-1　TensorFlow 首页

最上面的英文可翻译为"在你的浏览器中就可以玩神经网络！不用担心，怎么玩也玩不坏哦！"在这个游乐场中，我们可以随意玩耍，而不用担心把什么东西弄坏。

提　示
建议读者在页面上随意点点，多试试。

首先看看左边的 DATA 框体，如图 8-2 所示。

图 8-2　不同的数据类型

从图标上可以看到，这里的每组数据都是不同数据分布类型中的一种。第一种是一个环形数据分布，第二种是均匀分布，第三种是集合分布，最后一种是交融分布。

从图 8-2 中可以看出，每个数据集都具有 2 个分布数据，可以成为 X 和 Y，用颜色区分。可以这样说：神经网络的作用就是能够通过模型的建立和数据的训练把未判定位置的数据判定清楚。

下面继续看左侧，在数据的下方还有对输入数据特征进行调节的地方，如图 8-3 所示。

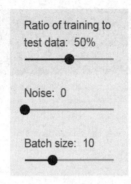

图 8-3　特征微调设置

　　特征微调可以对生成数据的信息做进一步的设置。第一行设置多少数据进行训练，留下多少数据作为测试使用。第二行拉杆是数据集内噪声的多少，一般噪声越多，训练越困难。第三行是模型在训练时每次放入的数据量的多少。需要注意的是，数据量多的话并不会增加全部的训练时间，而是会对模型的更新有影响，这点在后续的讲解中会有介绍。

　　对于生成的结果来说，神经网络的工作结果实际上就是在划分出一个区域，例如橙色点完全落在橙色的区域（六角形外）中、蓝色的点完全落在蓝色的区域（六角形内）中，如图 8-4 所示。

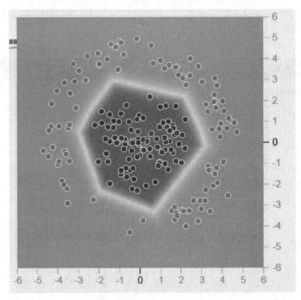

图 8-4　最终的结果分类

　　从这张分类图可以直接看出蓝色的数据点完全落在蓝色的框体中，而橙色的数据点在蓝色的外围，这样就可以将不同的数据分开。

　　当数据分布过于复杂（见图 8-5）时，一般的神经网络难以将其分开，就需要增加相关的神经网络层数，如图 8-6 所示。

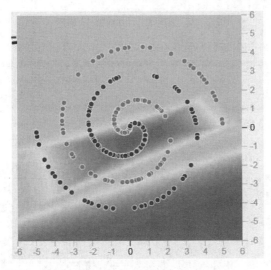

图 8-5　复杂的分类数据

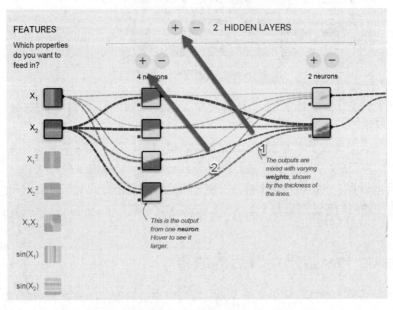

图 8-6　神经网络的操作

图 8-6 代表神经网络模型的设计，最上面的加号是对隐藏层的个数进行加减，第二个加号是对每个单独的隐藏层中节点的个数进行加减。

还有一个部分，就是对神经网络模型参数进行设置，如图 8-7 所示。在这里可以设置学习率、激活函数以及回归系数等。这些属性参数是神经网络的基本参数和设置内容，在后续的模型中会进行学习。

Learning rate	Activation	Regularization	Regularization rate
0.03	ReLU	None	0

图 8-7　单独的属性设置

图 8-8 增加了隐藏层的个数，并且每个隐藏层的神经元个数也相应地增加了。从中可以看出，这里比较好地将数据按颜色分成了两个区域。

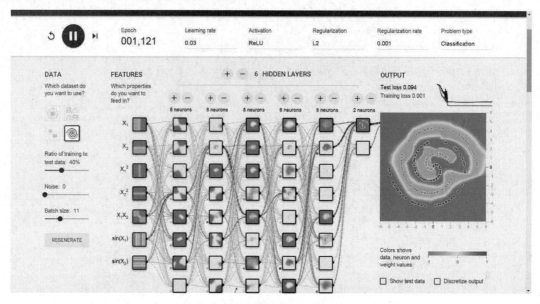

图 8-8　增加隐藏层和隐藏层节点

通俗地对神经网络进行解释就是，若干的隐藏层都会相互作用，对输入的数据进行计算和组合，而其所在的神经网络下一层又会对这一层的输出进行再次计算和组合。这一切都是自动进行的。

神经网络的迷人之处在于，对于输入数据的特征提取和计算，并不是需要人工干预的，而是只需要给予足够多的神经网络和神经元，神经网络会自己提取和计算出模型和结果。

从输出结果上来看，当神经网络在解决蓝橙分类这样的问题时，对于现实中一些更为复杂的问题，可以通过增加相应的隐藏层和每个层的神经元来确定，这一点为使用计算机解决现实问题打下了基础。

8.1.2　TensorFlow 游乐场背后的故事

TensorFlow 游乐场在潜移默化中使用了人工神经网络进行数据的分类和判定。对于此，维基上的解释为：当神经元接收到来自其相连的神经元的电信号时，它会变得兴奋（激活）。神经元之间每个连接的强度不同，一些神经元之间的连接很强，足以激活其他神经元，另一些连接则会抑制激活。你大脑中的数千亿神经元及其连接一起构成了人类智能，如图 8-9 所示。

通过生物学上的神经元进行研究导致了一种新的计算机模型的诞生——人工神经网络。借由这个人工神经网络，使用者可以使用模式化的数学模型对不同的问题进行处理，并获得最终的解决办法。

在 TensorFlow 游乐场中，由若干输入数据和隐藏层等不同层次的计算最终获得分类的结果。将公式进行简化，如图 8-10 所示。

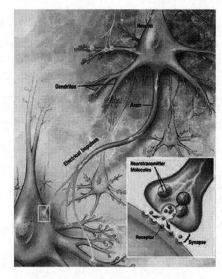

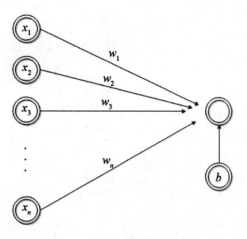

图 8-9　生物神经元网络　　　　　　　　　图 8-10　神经元模型的图形表示

其中，$x_1 \sim x_n$ 是一系列的输入值；$w_1 \sim w_n$ 是权重，可以理解为输入值对神经元连接的强度；b 是偏置值（Bias），即最终计算值被激活所需要的阈值。可以将这个图形模型以下面的数学公式形式表示出来：

$$\sum_{i}^{n} w_i x_i > b$$

所谓的神经网络，就是使用权重对输入值进行计算，并经由偏置值进行检查，之后将计算结果进行分类，进行下一层级输出或者直接停止输出。如果输出的数据是二维分类，那么神经元最终可以形成一条光滑的线段将数据进行分类；如果是多元输出，那么神经元会使用平面将图像进行分类，并进行投影，即一个超平面会分割为多维空间。

8.1.3　如何训练神经网络

通过前面的讲解可以知道，神经网络就是数学激活模型的一种实现。人工神经网络与传统的特征提取训练不同的是，所有模型的参数和特征都是由训练模型自由确定和完成的，即模型在训练过程中是一个黑盒过程，所训练的权重模式不是由人工完成的。

如果将人工神经网络看作一个在学习阶段的小学生，那么在神经网络的工作和计算过程中它会犯很多错误。在训练的过程中，还会涉及经典的反向传播和梯度下降等算法，但是这些也仅仅是为了让人工神经网络模型在计算时能够更好、更快速地取得最优的成果。

重新回到第 1 节中一开始讲的，对于简单的数据分类，简单的神经网络可以很好地完成分类，而当数据变得更加复杂、两组数据不能够被简单地分开时，即当数据由线性可分变为非线性可分时，就需要将简单的神经网络变得更加复杂，增加更多的隐藏层和隐藏层节点，如图 8-11 所示。

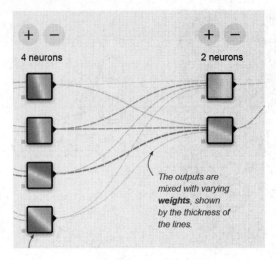

图 8-11　神经元模型的隐藏层

其中的隐藏层有若干个神经元节点，可以说每个神经单元都在进行相关的特征分类。例如，第一个神经元检查数据点的颜色，第二个检测其位置，第三个检测其距离其他数据的相对位置。

这些检测的结果被称为数据的基本特征，神经元对这些特征检测后，并根据输出与样本的真实分类加强或减少相应特征的强度，通过权重的形式表示出来。

在 TensorFlow 游乐场中演示的各个例子，不同数目的隐藏层和不同数目的神经单元对应不同的功能，增加更多的层和数目可以使得神经网络更加敏感，从而能够建立更加复杂的图形。

更多神经元 ＋ 更深的网络 ＝ 更复杂的模型

这个简单的公式就是人工神经网络能够进行模式识别、数据分类、图像辨认的基本原理。这也是让神经元变得更加聪明、表现更加好的原因。

8.2　你好，TensorFlow

忘记在游乐场的欢悦与兴奋，从现在开始将进入 TensorFlow 的正式学习中。

8.2.1　TensorFlow 名称的解释

从名称上来看，TensorFlow 是由两个单词构成的：Tensor 与 Flow。其中，Tensor 的意思是张量，Flow 的意思是"持续流动"，指的是数据流图的流动，合在一起的意思就是"让张量流动起来"。TensorFlow 为张量从流图的一端流动到另一端的计算过程，TensorFlow 也可以看成是将复杂的数据结构传输至人工智能神经网络中进行分析和处理的系统。

上文提到了两个概念：一个是张量，另一个是数据流。

张量理论是数学的一个分支学科，在力学中有重要的应用。张量这一术语起源于力学，最初是用来表示弹性介质中各点应力状态的，后来张量理论发展成为力学和物理学中一个有力的数学工具。张量概念是矢量概念的推广，矢量是一阶张量。张量是一个可用来表示一些矢量、标量和其他张量之间线性关系的多线性函数。

　　TensorFlow 用张量这种数据结构来表示所有的数据：用一阶张量来表示向量，如 v = [1,2, 3, 4,5]；用二阶张量表示矩阵，如 m = [[1, 2, 3], [4, 5, 6], [7, 8, 9]]。简单地理解，任意维度的数据（一维、二维、三维、四维等数据）都是 TensorFlow 中的张量。

　　在介绍数据流之前，需要知道的是在 TensorFlow 中数据流图使用"节点"（Node）和"边"（Edge）的有向图来描述数学计算。"节点" 一般用来表示施加的数学操作，但也可以表示数据输入（Feed In）的起点和输出（Push Out）的终点，或者是读取或写入持久变量（Persistent Variable）的终点。"边"表示"节点"之间的输入或输出关系。

　　当张量从图中流过时就产生了数据流，一旦输入端的所有张量准备就绪，节点将被分配到各种计算设备以异步方式并行地执行运算，即数据开始"流动"起来。这就是取名为 TensorFlow 的原因。

8.2.2　TensorFlow 基本概念

　　介绍完 TensorFlow 名称的来历后，接着对 TensorFlow 基本概念进行解释。

　　在 TensorFlow 中，集成了很多现成、已经实现的经典机器学习算法，这些算法被称为算子（Operation），如图 8-12 所示。

Category	Examples
Element-wise mathematical operations	Add, Sub, Mul, Div, Exp, Log, Greater, Less, Equal, ...
Array operations	Concat, Slice, Split, Constant, Rank, Shape, Shuffle, ...
Matrix operations	MatMul, MatrixInverse, MatrixDeterminant, ...
Stateful operations	Variable, Assign, AssignAdd, ...
Neural-net building blocks	SoftMax, Sigmoid, ReLU, Convolution2D, MaxPool, ...
Checkpointing operations	Save, Restore
Queue and synchronization operations	Enqueue, Dequeue, MutexAcquire, MutexRelease, ...
Control flow operations	Merge, Switch, Enter, Leave, NextIteration

图 8-12　实现的一些机器学习算子

　　在图 8-12 中，左边的是算子的归类，右边的是算子的具体实现。可以看到，每个算子在定义与实现的时候就被定下了规则、方法、数据类型以及相应的输出结果。这点在后续的学习中会继续介绍。

　　下面一个比较重要的概念是"节点"（Node）和"边"（Edge）。前面已经说过，节点实际上指的是某个输入数据在算子中的具体运行和实现，TensorFlow 是通过"库"注册机制来定义节点的，因此在实际使用时，还可以通过库与库之间的相互连接来进行节点的扩展。

　　"边"分为两种：一种是正常边，即数据张量流动的通道，在正常边上可以自由地计算数据；另一种是一种特殊边，又称为"控制依赖"边，其作用是控制节点之间的相互依赖，在边的上一个节点完成运算前，特殊的节点不会被执行，即数据的处理要遵循一定的顺序。其次，特殊边还有一个作用，就是为了多线程的执行，让没有前后依赖顺序的数据计算能够分开执行，最大效率地利用系统设备资源。

　　最后需要介绍的一个概念是会话（Session）。会话是 TensorFlow 的主要交互方式，一般而言，TensorFlow 处理数据的流程是建立会话、生成一张空图、添加各个节点和边，形成一个有连接点的图，然后启动图，执行系统。

图 8-13 演示了一个会话的基本流程，这是 TensorFlow 最常用、最简单的会话模型。如果将图 8-13 的模型以代码的形式表现出来，其形式如程序 8-1 所示。

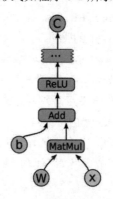

图 8-13　会话的基本流程

【程序 8-1】

```
import numpy as np

x = np.random.random(size=(1,1000))[0]
y = 1.7*x + 0.17

import tensorflow as tf
class MSE(tf.keras.layers.Layer):
    def __init__(self):
        super().__init__()

    def build(self, input_shape):
        self.weight = tf.Variable(tf.random.truncated_normal(shape=(1,)))
        self.bias = tf.Variable(tf.random.truncated_normal(shape=(1,)))

    def call(self,inputs):
        x = inputs
        output = tf.multiply(x,self.weight) + self.bias
        return output

inputs = tf.keras.Input(shape=(1,))
output = MSE()(inputs)
model = tf.keras.Model(inputs,output)

# 均方误差回归问题
model.compile(optimizer='rmsprop',loss='mse')
model.fit(x,y,epochs=217)

print(model.weights)
```

　　这是一个简单的 TensorFlow 运行模型，用以回归计算 x、y 的生成曲线。读者不必现在就掌握这个模型，只要知道 TensorFlow 在运行会话前把所有的量和计算函数设置好，之后直接运行即可，就和 NumPy 一样简单。

　　这里需要说明的是，在神经网络进行计算时，一个最重要的内容就是梯度的计算。梯度计算不仅仅用在神经网络中，还用在机器学习中。

　　在 TensorFlow 中，一个图在正向计算的同时复制了自身，生成一个反向图，当达到正向图的最终输出后反向图开始工作，由最终的结果向输入端计算，如图 8-14 所示。

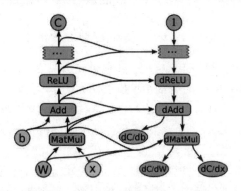

图 8-14　复制计算图进行反向求导

　　实际上，在具体的计算时，TensorFlow 自带的优化算法可以根据资源节点的配置自动将不同的任务分配到不同的节点上。有时候用户也可以手动进行任务的分配，达到资源的最优化配置。

8.2.3　TensorFlow 基本架构

　　前面介绍了 TensorFlow 的基本概念，对其中一些计算概念和流程做了介绍。本小节中，将主要在基本架构上对 TensorFlow 的基本流程做更进一步的说明。

　　首先需要对几个概念进行介绍：

- client：用户使用，与 Master 和一些 worker process 交流。
- master：用来与客户端交互，同时调度任务。
- worker process：工作节点，每个 worker process 可以访问一到多个 device。
- device：TensorFlow 的计算核心，根据 device 的类型、job 的名称、在 worker process 中的索引给 device 命名。可以通过注册机制来添加新的 device 实现，每个 device 实现需要负责内存的分配以及管理和调度 TensorFlow 系统所下达的核运算需求。

　　可能有的读者使用过分布式系统，例如 Hadoop 或者 Spark，对这种分层式管理并不陌生。master 是系统总的调度师，对所有的任务和工作进行调度；client 提出需求，对任务做出具体的设定和结果要求；worker process 是工作节点，是单任务的监视器；device 是任务的具体执行和分配节点，所有的具体计算结果都在 device 下进行处理，如图 8-15 所示。

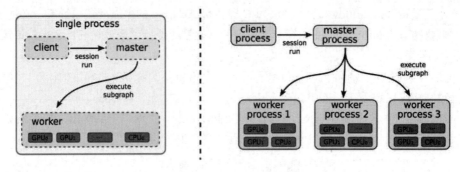

图 8-15 TensorFlow 运行调度的分配

TensorFlow 分为单机式实现和分布式实现。在单机式实现中，任务由客户端提出，之后会话将任务提交给单机的 Master，由 Master 分配给单机的任务工作单元进行计算，任务工作单元可以由 CPU 处理，也可以给 GPU 分配任务，这要看程序的具体设置。在分布式实现中，客户端产生的运行命令交给 master 去处理，而 master 将任务交给不同的 worker process 去处理，具体的 worker process 处理过程和内容与单机版的一样。

至于任务的哪一部分分配给哪个计算机节点去处理是由 master 根据内置的算子控制的，根据不同节点的处理速度和运行情况进行操作。可以简单地理解：每个节点使用一个计数，当一个节点开始运算时，计数被设置成 100，之后随着任务的进行计数逐渐减少；当任务完成时，计数变为 0，节点重新待机，等待下一个任务的来临。

更为复杂的情况和更多需要考虑的因素这里不再进行介绍。

8.3 本章小结

本章首先介绍了 TensorFlow 游乐场，演示了神经网络运行和计算的能力与机制。随着读者操作的增多，可以看到神经网络运行的机制其实非常简单，通过拥有更多的神经元和深度，神经网络能提取出更多隐藏层的特征、建立更复杂的模型和更加抽象的层级结构、解决更多的现实问题。

虽然如此，但是制约神经网络发展的除了模型的建立外，最大的一个问题就是计算能力的挑战。随着隐藏层的增加和神经元的增多，数据的计算能力呈指数式增长，因此要求承载着神经网络模型的计算系统要有强大的计算能力。

为了得到更好的结果，在人工神经网络进行计算的时候，还需要选择不同的激活函数，设计不同的网络和算法，进行大量的尝试性计算，这些都是训练神经网络所需要的内容。

在 Google 正式推出 TensorFlow 之前，已经有了很多类似的平台，有的还取得了很高的关注度和应用程度。Theano、Caffe、Torch 以及最新推出的 PyTorch 都是应用范围相当广泛的神经网络框架。

TensorFlow 在设计的时候就吸取了每一个平台的精华和优秀的设计思想，最为显眼的是易用、跨平台性以及高效的可扩展性，逐渐吸引了更多程序员的关注。TensorFlow 就是为了解决这些问题而诞生的，可以在成本不是很高的计算设备，让更多的学习者能够轻松地掌握其中的使用方法。

第9章

你喜欢什么我全知道
——推荐系统的原理

随着当今技术的飞速发展，数据量与日俱增，人们越来越觉得在海量数据面前束手无策。为了解决信息过载（Information Overload）的问题，人们提出了推荐系统。

与其他要求准确率的算法不同，推荐系统倾向于使用者没有明确的目的，或者说他们的目的是模糊的，通俗地讲，使用者连自己到底想要什么都不知道。这时正是推荐系统的用武之地。推荐系统通过用户的历史行为、兴趣偏好或者使用者的"用户画像"特征来送给推荐算法，然后推荐系统运用推荐算法来产生用户可能感兴趣的项目列表。

推荐系统是多个领域的交叉研究方向，所以会涉及深度学习以及数据挖掘方面的知识和技能。本章将从传统的数据挖掘方向和深度学习方向介绍推荐系统的原理和其中的一些数学知识。

9.1 传统方法的推荐系统

一般而言，推荐系统使用较多的是两种，即基于内容的推荐和基于协同过滤的用户推荐，以及基于这两种的混合推荐，如图 9-1 所示。

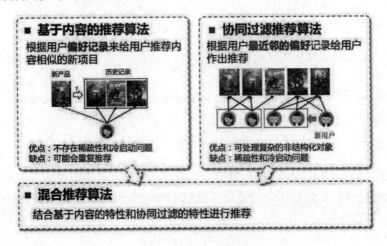

图 9-1 常用的推荐系统

9.1.1 基于内容的推荐算法

基于内容的推荐算法（Content-Based Recommendations）是基于标的物相关信息、用户相关信息及用户对标的物的操作行为来构建推荐算法模型，为用户提供推荐服务。

这里的标的物相关信息可以是对标的物文字描述的元数据（Metadata）信息、标签、用户评论、人工标注的信息等。用户相关信息是指人口统计学信息，如年龄、性别、偏好、地域、收入等。用户对标的物的操作行为可以是评论、收藏、点赞、观看、浏览、点击、加购物车、购买等。基于内容的推荐算法一般只依赖于用户自身的行为为用户提供推荐，不涉及其他用户的行为。

这里先举一个例子，简单地介绍基于内容的推荐算法的概念。

表 9-1 中列举了 3 本书的对比情况，从表的其他列可以看到，paper2 和 paper3 在"应用范围""所属类别"以及"语言"上相同或者较为详尽，可以说这两篇文章的相似度更高。

表9-1　3本书的对比

书　名	应用范围	出版时间	所属类别	语　言
paper1	自然语言处理	2005	深度学习	英语
paper2	图像识别	2015	深度学习	汉语
Paper3	人脸识别	2019	深度学习	汉语

paper1 仅在所属类别上与其他两篇文章相同，其他部分则是完全不匹配的，因此可以说 paper1 与其他两本书的相似度很低。结果很简单，如果读者喜欢 paper2，那么 paper3 会被推荐给读者。

上面的例子只是一个非常简单的说明，事实上基于内容推荐的方法并不是简单地制表对其进行比较即可，因为所推荐的物品并不仅仅只有"表"这种结构化数据，还存在着更多的非结构化数据。

结构化数据属性即意义较明确、取值在一定范围内，例如类别、语言等，非结构化属性即意义往往不太明确，比如写作主体、写作方向、内容文章等。结构化数据可以拿来直接用，非结构化数据要先转化为结构化数据才能在模型中使用。

基于内容的推荐是建立在项目的内容信息上做出推荐的，而不需要依据用户对项目的评价意见，更多地需要用机器学习的方法从关于内容的特征描述事例中得到用户的兴趣资料。

9.1.2 多种相似度的计算方法

无论是结构化数据还是非结构化数据，都需要一个衡量标准，而这种标准的目的是计算数据之间的差异性和相似度。

目前最常用的相似度计算公式采用的是余弦相似度、欧几里得距离、Jaccard 相关系数，本节将主要对这几个相似度进行讲解和介绍。

1. 余弦相似度

余弦相似性通过测量两个向量的夹角的余弦值来度量它们之间的相似性。0 度角的余弦值是 1，而其他任何角度的余弦值都不大于 1，并且最小值是-1。两个向量之间的角度的余弦值确定两个向量是否大致指向相同的方向。

两个向量有相同的指向时，余弦相似度的值为 1；两个向量夹角为 90°时，余弦相似度的值为 0；两个向量指向完全相反的方向时，余弦相似度的值为-1。这种结果是与向量的长度无关的，仅仅与向量的指向方向相关。余弦相似度通常用于正空间，因此给出的值为 0 到 1 之间。

以二维空间为例，图 9-2 中的 **a** 和 **b** 是两个向量，我们要计算它们的夹角 θ。余弦定理告诉我们，可以用下面的公式求得：

$$\cos\theta = \frac{a^2 + b^2 - c^2}{2ab}$$

举个例子，假定 **a** 向量是 $[x_1, y_1]$，**b** 向量是 $[x_2, y_2]$，如图 9-3 所示。

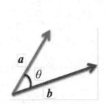

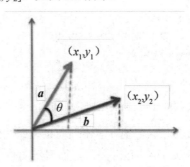

图 9-2　二维空间

图 9-3　**a** 和 **b** 向量

这两个向量间的余弦值可以通过如下公式求出：

$$\cos(\theta) = \frac{\boldsymbol{A} \cdot \boldsymbol{B}}{\|\boldsymbol{A}\|\|\boldsymbol{B}\|} = \frac{(x_1, y_1) \cdot (x_2, y_2)}{\sqrt{x_1^2 + y_1^2} \times \sqrt{x_2^2 + y_2^2}} = \frac{x_1 x_2 + y_1 y_2}{\sqrt{x_1^2 + y_1^2} \times \sqrt{x_2^2 + y_2^2}}$$

现在将余弦相似度的计算推广到 **N** 维向量，上述余弦的计算法仍然正确。假定 **A** 和 **B** 是两个 **N** 维向量，**A** 是 $[A_1, A_2, \cdots, A_n]$，**B** 是 $[B_1, B_2, \cdots, B_n]$，则 **A** 与 **B** 的夹角 θ 的余弦等于：

$$\cos(\theta) = \frac{\boldsymbol{A} \cdot \boldsymbol{B}}{\|\boldsymbol{A}\|\|\boldsymbol{B}\|} = \frac{\sum_{i=1}^{n} A_i \times B_i}{\sqrt{\sum_{i=1}^{n}(A_i)^2} \times \sqrt{\sum_{i=1}^{n}(B_i)^2}}$$

余弦相似度的 Python 实现如下所示。

【程序 9-1】

```
import numpy as np
from sklearn.metrics.pairwise import cosine_similarity

def cos_sim(a, b):
    """Takes 2 vectors a, b and returns the cosine similarity according
    to the definition of the dot product
    """
    dot_product = np.dot(a, b)
    norm_a = np.linalg.norm(a)
    norm_b = np.linalg.norm(b)
    return dot_product / (norm_a * norm_b)
```

```
sentence_m = np.array([1, 1, 1, 1, 0, 0, 0, 0, 0])
sentence_h = np.array([0, 0, 1, 1, 1, 1, 0, 0, 0])
sentence_w = np.array([0, 0, 0, 1, 0, 0, 1, 1, 1])

print(cos_sim(sentence_m, sentence_h))
print(cos_sim(sentence_m, sentence_w))

sentence_m = sentence_m.reshape(1, -1)
sentence_h = sentence_h.reshape(1, -1)
sentence_w = sentence_w.reshape(1, -1)

print(cosine_similarity(sentence_m, sentence_h))
print(cosine_similarity(sentence_m, sentence_w))
```

余弦相似度可以较好地计算不同向量之间的距离，但是其依旧存在一些不容忽视的问题：余弦相似度更多的是从方向上区分差异，而对绝对数值不敏感。

比如 A 和 B 两篇文章对两个商品的不同属性得分为 A(1,2)、B(4,5)，使用余弦相似度得出的结果是 0.98，看起来极为相似，但从属性上来看 A 和 B 差异很大。造成这个现象的原因在于余弦相似度无法衡量每维数值的差异，对数值的不敏感导致了结果的误差。

2. 欧几里得相似度

为了克服余弦相似度对绝对距离的不敏感，欧几里得相似度被引入作为一种相似度衡量的手段。

欧几里得相似度又被称为欧几里得距离（见图 9-4）。在数学中，欧几里得距离或欧几里得度量是欧几里得空间中两点间的"普通"（直线）距离。欧几里得距离有时又称欧氏距离，在数据分析及挖掘中经常会被用到，例如聚类或计算相似度。

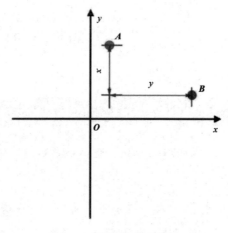

图 9-4　欧几里得距离

如果将两个点分别记作 $(p_1, p_2, p_3, p_4, \cdots)$ 和 $(q_1, q_2, q_3, q_4, \cdots)$，则欧几里得距离的计算公式为：

$$E(p,q) = \sqrt{(p_1 - q_1)^2 + (p_2 - q_2)^2 + \dots + (p_n - q_n)^2} = \sqrt{\sum_{i=1}^{n}(p_i - q_i)^2}$$

欧几里得相似度的 Python 实现如下所示。

【程序 9-2】

```python
import numpy as np

def get_edclidean_distance(vect1,vect2):
    dist = np.sqrt(np.sum(np.square(vect1 - vect2)))
    # 或者用 numpy 内建方法
    # dist = numpy.linalg.norm(vect1 - vect2)
    return dist

if __name__ == '__main__':

    vect1 = np.array([1,2,3])
    vect2 = np.array([4,5,6])

    print(get_edclidean_distance(vect1, vect2))
```

顺便说一句，欧几里得相似度得到的结果是一个非负数，最大值是正无穷大，但是通常情况下相似度结果的取值范围在 [-1, 1] 之间。可以对它求倒数，将结果转化到 (0, 1] 之间。

$$\frac{1}{1 + E(p,q)}$$

分母中加 1 是为了避免遇到被 0 整除的错误。

3. Jaccard 相似度

Jaccard 相似度又称为 Jaccard 相似系数（Jaccard Similarity Coefficient，杰卡德相似系数），用于比较有限样本集之间的相似性与差异性。Jaccard 系数值越大，样本相似度越高。

两个集合 A 和 B 交集元素（见图 9-5）的个数在 A、B 并集中所占的比例称为这两个集合的 Jaccard 系数，用符号 $J(A,B)$ 表示。

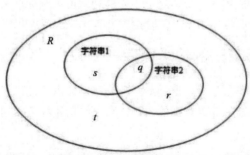

图 9-5　集合的交集

Jaccard 相似系数是衡量两个集合相似度的一种指标（余弦距离也可以用来衡量两个集合的相似度）：

$$J(A, B) = \frac{|A \cap B|}{|A \cup B|}$$

Jaccard 相似度的 Python 实现如下所示。

【程序 9-3】

```python
def jaccard_sim(a, b):
    unions = len(set(a).union(set(b)))
    intersections = len(set(a).intersection(set(b)))
    return intersections / unions


a = ['x', 'y']
b = ['x', 'z', 'v']
print(jaccard_sim(a, b))
```

4. 关于相似度计算的总结

前面讲述的余弦相似度、欧几里得相似度以及 Jaccard 相似度是三种较为常用的相似度计算方法。实际上，除此之外还有更多的相似度计算，例如闵氏距离被看作欧氏距离和曼哈顿距离的一种推广。公式中包含了欧氏距离、曼哈顿距离和切比雪夫距离。

【程序 9-4】

```python
from math import *
from decimal import Decimal


def nth_root(value, n_root):
    root_value = 1/float(n_root)
    return round (Decimal(value) ** Decimal(root_value),3)


def minkowski_distance(x,y,p_value):
    return nth_root(sum(pow(abs(a-b),p_value) for a,b in zip(x, y)),p_value)

print(minkowski_distance([0,3,4,5],[7,6,3,-1],3))
```

这些知识不常用，这里就不再详细介绍了，有兴趣的读者可以自行查阅相关资料进行了解。

其实每个相似度都有其应用的长处，对于不同的相似度衡量标准来说，代表着从不同的角度去衡量物品之间的相互关系，而具体的使用需要使用者有丰富的理论和应用经验。

9.1.3 基于内容推荐算法的数学原理——以文档特征提取的 TF-IDF 为例

现在回到基于内容的推荐算法中，通过前面的讲解，读者可能已经大概了解了所谓基于内容的推荐算法的使用方法，就是通过计算目标的结构化和非结构化特征的相似度来比较不同内容之间的异同。

基于内容的非结构化特征提取算法很多，在这里以最常用的 TF-IDF 算法为例来讲解对文档的非结构化特征提取方法。

TF-IDF（Term Frequency-Inverse Document Frequency，词频-逆文档频率）由两部分组成：TF（词频）和 IDF（逆文档频率）。

　　一个文档推荐系统往往用在很多篇文档组成的文档库中，而这个文档库中的所有文档都会被计算。这是文档推荐和 TF-IFD 计算的前提。

　　一个完整的文档是由多个"词"构成的，对"**当前**"文档中各个词的出现频率进行统计并作为文档特征，这是一种常用的方法，也被称为"词频统计（TF）"。

　　关键是如何理解后面的 IDF，即"逆文档频率"。举个例子，在一篇中文文章中出现最多的词可能是"的"，虽然它出现的频率最高，但是它对于整篇文章的重要性和意义的解释却没有任何帮助。IDF 可用于反映这个词的重要性，进而修正仅仅用词频来表示的词特征值。

　　概括来讲，IDF 反映了一个词在"**所有**"文档中出现的频率，如果一个词在很多的文档中出现，那么它的 IDF 值应该低，比如"的"。反过来，如果一个词在比较少的文档中出现，那么它的 IDF 值应该高，比如一些专业的名词（如"深度学习"）。一个极端的情况就是一个词在所有的文档中都出现，那么它的 IDF 值应该为 0。

　　下面对 TF-IDF 进行数学公式归纳。首先是 TF：

$$TF(x) = \frac{某个词在当前文章中出现的次数}{当前文章的总词数}$$

TF 实现程序如下所示。

【程序 9-5】

```
#计算 TF 值（TF=某个词在当前文章中出现的次数/当前文章的总词数）
def tf(number_counts):
    for m in number_counts:
        fenmu = 0
        for j in number_counts[m]:
            fenmu += number_counts[m][j]
        for k in number_counts[m]:
            number_counts[m][k] = number_counts[m][k]/fenmu
return number_counts
```

IDF 的基本公式如下：

$$IDF(x) = \log\left(\frac{N + 1}{N(x) + 1}\right) + 1$$

　　其中，N 代表语料库中文档的总数，而 $N(x)$ 代表语料库中包含词 x 的文档总数。在具体的应用过程中，某个词会过于生僻而在语料库中没有出现，此时分母为 0，从而会造成 IDF 无法计算，此时就需要对 IDF 做一些平滑处理（加 1），将其做个修正。

　　IDF 实现程序如下所示。

```
#计算 IDF 的值
def idf(number_counts):
#这里的 a、b、c、d、e、f、g、h 为已构成的字库
    idf = {"a":0,"b":0,"c":0,"d":0,"e":0,"f":0,"g":0,"h":0}
    for l in idf:
        count = 0
        D = 0
        for m in number_counts:
            D += 1
```

```
        if l in number_counts[m].keys():
            count += 1
    idf[l] = math.log((D + 1)/(count + 1)) + 1
return idf
```

有了 TF 和 IDF 的数学公式定义，完整的 TF-IDF 值的计算如下：

$$TF - IDF(X) = TF(x) * IDF(x)$$

下面就是对 TF-IDF 的实现。

```
#计算 TF-IDF 的值
def tf_idf(tf,idf):
    for m in tf:
        for k in idf:
            if k in tf[m].keys():
                tf[m][k] = tf[m][k]*idf[k]
    return tf-idf
```

我们计算好了一个文本的 TF-IDF 值，那么这个 TF-IDF 有什么用呢？例如，下面的文档 paper1 和 paper2，经过 TF-IDF 计算后生成两个数列，即将文档信息转化成两个数字序列：

```
   paper1: ["a", "b", "c", "d", "e"] ---> [0.12,0.21,0.1,0.5,0.41]
paper2: ["b", "a", "e", "c", "e"] ---> [0.15,0.23,0.2,0.3,0.41]
```

可以在这个序列的基础上进行相似度计算，请有兴趣的读者自行完成。

9.1.4 基于协同过滤的推荐算法

什么是协同过滤（Collaborative Filtering，CF）？

在回答这个问题之前先思考一个简单的问题：如果你现在想看一篇论文，但是不知道看哪一篇，那么你会怎么做？一般而言，人们会倾向于从专业相同或者类似的同学和教师那里得到推荐，这个就是协同过滤的核心思想。

协同过滤的主要思想是：利用已有的用户群过去的行为或者意见预测当前用户最可能喜欢哪些东西或者对哪些东西感兴趣，主要应用场景是在线零售系统，目的是进行商品促销、提高销售额。

协同过滤一般又分成两种：基于用户的协同过滤和基于物品的协同过滤（见图 9-6）。下面分别对其进行讲解。

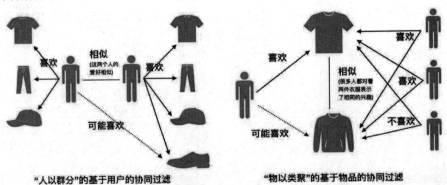

图 9-6　协同过滤

1. 人以群分，基于用户的协同过滤

首先以一个简单的例子开始介绍基于用户的协同过滤矩阵。

（1）用户相似度的计算

假设目前共有 4 个用户（A、B、C、D）、5 个物品（a、b、c、d、e），用户与物品的关系（用户喜欢物品）如图 9-7 所示。

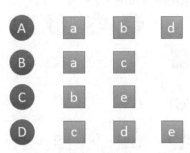

图 9-7　用户和物品

那么如何计算用户之间的相似度呢？这里不妨将上述购买记录做一个转换，将其转换成一个[用户/用户]的二维矩阵，相交的值为用户之间有共同购买记录的交集。例如，用户 A 与用户 B 都有共同购买物品 a 的记录，那么 A-B 的值记为 1，而用户 B 和用户 C 没有任何购买相同物品的记录（用户 B 买过 a 和 c，而用户 C 买过 b 和 e，(a, c) 和 (b, e) 之间没有任何交集），转换后的形式如图 9-8 所示。

	A	B	C	D
A	0	1	1	1
B	1	0	0	1
C	1	0	0	1
D	1	1	1	0

图 9-8　转换成一个[用户/用户]的二维矩阵

下面利用余弦相似度的公式进行计算：

$$\cos(\theta) = \frac{A \cdot B}{\|A\|\|B\|} = \frac{\sum_{i=1}^{n} A_i \times B_i}{\sqrt{\sum_{i=1}^{n} (A_i)^2} \times \sqrt{\sum_{i=1}^{n} (B_i)^2}}$$

以用户 A 和用户 B 为例，此时 A 和 B 只有同一个物品的相同购买记录，因此分子部分为：

$$\sum A_i \times B_i = 1 \times 1$$

分母部分为每个用户所有的购买记录平方和：

$$\sqrt{A_i{}^2} \times \sqrt{B_i{}^2} = \sqrt{1^2 + 1^2 + 1^2} \times \sqrt{1^2 + 1^2} = \sqrt{3 \times 2}$$

经过计算后，四个用户的相似度矩阵如图 9-9 所示。

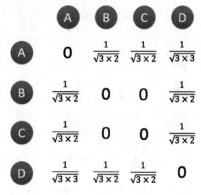

图 9-9　相似度矩阵

不同的用户之间有一个相似度的衡量标准，从中可以很直观地找到与目标用户兴趣较相似的用户。

（2）用户的推荐

物品推荐的公式为：

$$p(u, i) = \sum W_{uv} \times r_{vi}$$

其中，u 和 v 代表不同用户的编号，一般 u 表示为待推荐用户，而 v 是其他用户。W_{uv} 是不同用户之间两两相似度的计算值，r_{vi} 为用户 v 对某个商品的评分或者推荐值。

下面一步就是对物品的推荐。以用户 A 为例，如果想给用户 A 继续推荐更多的商品，用户 B、C、D 都有过和 A 相似的购买记录，而 B 和 C 与 A 的相似度计算更高一些，因此在这里提取出 B 和 C 购买过的物品而 A 没有购买的物品，即 c 和 e。下面分别计算 A 可能对于 c 和 e 的购买概率：

$$p(A, c) = W_{AB} * 1 = \frac{1}{\sqrt{6}} \approx 0.48 \ (\text{此时} r_{Be} = 1)$$

同样：

$$p(A, e) = W_{AC} * 1 = \frac{1}{\sqrt{6}} \approx 0.48$$

通过计算可以看到用户 A 对物品 c 和 e 的购买概率是一样的，而在真实系统中，按得分排序取前几个物品即可。实际上，采用余弦相似度计算是有问题的，本例仅做基本讲解，有兴趣的读者可以自行研究。

2. 物以类聚，基于物品的协同过滤

以物品为中心，通过观察用户对物品的偏好行为，将相似的物品计算出来，可以认为这些相似的物品属于特定的一组类别，然后根据某个用户的历史兴趣计算其所属的类别，然后看该类别是否属于这些成组类别中的一个，最后将属于成组类别所对应的物品推荐给该用户。

基于物品的协同过滤推荐不考虑用户、物品的属性（特征）信息，它也是根据用户对物品的偏好（Preference）信息发掘不同物品之间的相似性。

（1）物品相似度的计算

这里只考虑二维的情况，也就是物品两两之间的相似度。

下面以上例中的用户购买记录为例，假设目前共有 4 个用户（A、B、C、D）、5 个物品（a、b、c、d、e），用户与物品的关系（用户喜欢物品）如图 9-10 所示。

遍历所有的用户购买记录，找到物品之间的交集，即同一个人的所有购买记录中同时存在的物品。例如，用户 A 的购买记录为(a, b, c)，则可认为(a, b)、(a, c)、(b, c)均为同时购买，如果有多次的购买记录，即多个用户有相同的同时购买行为，则交集加 1，组合如图 9-11 所示。

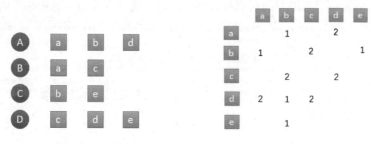

图 9-10　用户与物品的关系　　　　图 9-11　新组合

下面继续对这个矩阵做一个分析，此时不涉及用户层面，单从矩阵上可以看到，这里表示的意思是有多少用户在喜欢第一个物品的时候同时喜欢第二个物品。

介绍完物品矩阵后下面讲一下其公式的定义。假设喜欢物品 a 的用户数为 $N(a)$，喜欢物品 b 的用户数为 $N(b)$，那么 a 与 b 的相似度为：

$$Wab = \frac{|N(a) \cap N(b)|}{|N(a)|}$$

上述公式可以理解为喜欢 A 物品的用户中有多少比例的用户也喜欢 B，比例越高，说明 A 与 B 的相似度越高。

这样的公式有一个问题，如果物品 B 很热门，很多人都喜欢，那么相似度就会无限接近 1，这样就会造成所有的物品都与 B 有极高的相似度，也就没有办法证明物品之间的相似度是可靠的了。为了避免出现类似的情况，可以通过以下公式进行改进：

$$Wab = \frac{|N(a) \cap N(b)|}{\sqrt{|N(a)|\,|N(b)|}}$$

下面以计算 a 和 b 物品的相似度为例子讲解 Wab 的计算方法。

从图中可以看到：

购买 a 商品的用户人数为：2
购买 b 商品的用户人数为：2

同时购买 a 和 b 商品的人数为：

同时购买 a 和 b 商品的人数为：1

根据公式：

$$W_{ab} = \frac{1}{\sqrt{2 \times 2}} = 0.5$$

同样可得：

$$W_{ac} = \frac{0}{\sqrt{1 \times 1}} = 0$$

也就是可以获得此时 a 和 b 的相似度为 0.5。

（2）根据物品的相似度和用户的历史行为进行推荐

下面根据物品的相似度和用户的历史行为进行推荐，这种方法的思维和基于用户的推荐类似，首先找到与待推荐物品相似的物品，之后根据用户对已购买的物品的评分确定待推荐物品的评分。

$$p(u, b) = \sum W_{ab} \times r_{ua}$$

其中，Wab 是物品 a 和 b 之间的相似度得分，r_{ua} 是用户对已购买的 a 商品的评分。

下面假设用户已经有 a 商品的评分 1 分，有 b 或者 c 商品想向其进行推荐，根据上面计算的相似度得分为：

$$W_{ab} = \frac{1}{\sqrt{2 \times 2}} = 0.5$$
$$W_{ac} = \frac{0}{\sqrt{1 \times 1}} = 0$$

根据$p(u, b)$的计算公式即可得出：

$$p(u, b) = 0.5 \times 1 = 0.5$$
$$p(u, c) = 0 \times 1 = 0$$

可以得出向用户推荐 b 商品较好。

以上就是基于物品的协同过滤算法，那么基于物品的协同过滤和基于用户的协同过滤有什么区别呢？其实可以把基于物品的协同过滤看作是基于用户的协同过滤的一种改良。而具体的应用场景也会有所不同。例如，针对电商类网站，用户数远大于物品数，而且物品的变更频率不高，物品的相似度相对于用户的兴趣来讲比较稳定，此时使用基于物品的协同过滤是比较好的选择；对于新闻类的应用，时效性较高，物品变化很快，而用户有相对稳定的场景，此时往往会选择基于用户的协同过滤算法。

9.2　基于深度学习的推荐系统

基于深度学习的推荐算法实际上是基于深度学习模型的方法，简单地说就是以用户的信息以及购买记录作为基础数据的特征输入到模型中计算用户购买某样商品的可能性。相对于传统的推荐系统，使用深度学习推荐系统的好处在于：

- 能够直接从内容中提取特征，表征能力强。
- 容易对噪声数据进行处理，抗噪能量强。
- 可以使用 RNN 循环神经网络对动态或者序列数据进行建模。
- 可以更加准确地学习用户（User）和物品（Item）的特征。
- 深度学习便于对数据进行统一处理。

细分起来，基于深度学习的推荐系统又分成两大块，即基于模型的推荐系统和基于用户画像的推荐系统。

9.2.1　基于模型的推荐算法

在大多数场景中，推荐系统是基于用户特征和物品特征这两种特征向量计算的交互。例如，矩阵分解把评分矩阵分为一个低维的隐式用户空间和一个低维的隐式物品空间，将两种特征和两个特征空间交互可以获得一个推荐列表。

因此，可以很自然地建立一个对偶网络，对用户和物品两种交互方式进行建模。神经协同过滤（Neural Collaborative Filtering，NCF）就是这样一个框架（见图 9-12），它旨在捕获用户和物品的非线性关系。

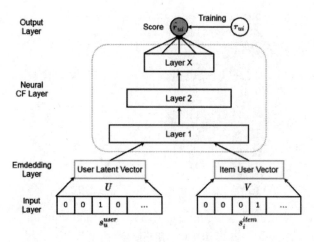

图 9-12　神经协同过滤（NCF）

对用户和物品的隐式反馈信息（交互矩阵）进行建模，可以说是对传统协同过滤模型的改进。通过利用神经网络框架来取代内积操作，可以从数据中学习任意函数，很好地保持数据的原始特性，同时该框架可以用来实现矩阵分解。

另外，为了能让该模型捕捉非线性因素，提出了利用多层感知机（MLP，见图 9-13）来建模用户–物品交互矩阵，该算法同时结合了 GMF 层和 MLP 层来得到更好的特征表示。

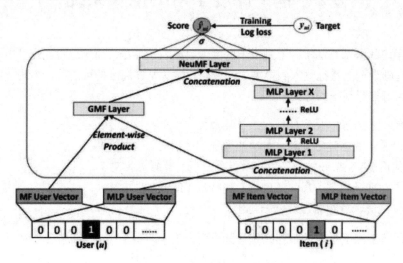

图 9-13　多层感知机（MLP）

9.2.2　基于用户画像的推荐算法

构建推荐系统的核心任务之一在于如何准确地分析出用户的兴趣特点，也就是所谓的用户画像。之后根据用户画像的定义推荐制定的内容和项目则是推荐算法的目的。

简单说来，用户画像（见图 9-14）是指从用户产生的各种数据中挖掘和抽取用户在不同属性上的标签，如年龄、性别、职业、收入、兴趣等。完备且准确的属性标签将有力地揭示用户本质特征，因而极大地促进精准的个性化推荐。

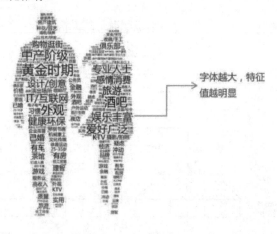

图 9-14　用户画像

目前，主流用户画像方法一般是基于机器学习尤其是有监督学习的技术。这类方法从用户数据中抽取特征来作为用户的表示向量，并利用有用户属性标签的数据作为有标注数据来训练用户画像预测模型，从而对更多没有标签的用户属性进行预测。

例如，很多产品在注册时就会引导用户填写基本信息（见图 9-15），包括年龄、性别、收入等大多数的人口属性，但完整填写个人信息的用户只占很少一部分；对于无社交属性的产品（如输入法、团购 APP、视频网站等）用户信息的填充率非常低，有的甚至不足 5%。

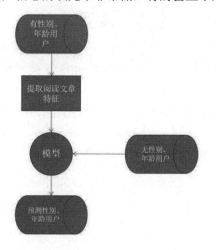

图 9-15　注册时的信息

在利用已有信息用户的基础上去预测无信息的用户，之后给予定义的推荐内容是基于用户画像类推荐系统的完整任务。基于用户画像的推荐算法流程如图 9-16 所示。

图 9-16　基于用户画像的推荐算法流程

9.2.3　基于深度学习推荐系统的总结

基于传统的推荐系统有较好的解释性和逻辑关系，会使得建模相对容易。然而由于其应用的特定场景往往会形成大量的稀疏矩阵关系，造成计算资源的空置和浪费；同时由于其建模的特殊性会造成计算过程中的数据稀疏性问题，影响计算速度，往往无法做到即时性。

深度学习可以较好地弥补传统算法中的缺陷。深度学习推荐算法并不专门针对一种特定的推荐方法，它们被用于各种不同目的的推荐方法中。在基于内容的过滤中，这些技术主要用于提取特征，以从异构数据源生成基于内容的用户/项目文件。然而，在基于用户的推荐系统中，它们通常被用作基于模型的方法来提取用户-物品上的潜在特征。

除此之外，使用 CNN 或者 RNN 做推荐系统的特征提取可以在更多层面上对特征的基本信息进行提取，例如抽取文本、音频和图像输入的特征。

针对传统算法中一直无法解决的用户"冷启动"问题，深度学习采用用户画像的方法可以尝试着对用户进行建模，从辅助信息中提取特征并将它们集成到用户项目偏好中。此外，基于深度学习的方法被用于将高级和稀疏特征的维数降低为低级和密集特征的维数。

因此，相对于传统的推荐系统，基于深度学习的推荐系统有着更为广阔的发展空间和用途。

9.3　本章小结

本章介绍了推荐系统中常用的方法，其中又分为传统方法和深度学习方法。实际上，对于不同的应用场景采用何种策略是没有确定的，不过一般目前都是采用的深度学习，主要是能够更好地做到特征建模和用户之间的交互计算，因此在一定程度上对用户的推荐成功率会更高一些。

针对不同领域的推荐，则需要更多高效的模型。随着深度学习技术的发展，深度学习的作用和能力将会越来越强，逐渐成为推荐系统领域中一项重要的技术手段。

第 10 章

整齐划一画个龙
——深度学习中的归一化、正则化与初始化

网络曾流行一首好听的歌，其中的歌词包括"左边跟我一起画个龙，在你右边画一道彩虹，来，左边跟我一起画彩虹，在你右边再画个龙。"笔者虽然不太懂歌曲，但是对这个整齐划一有了想法。

其实所谓的"整齐划一"就是要求全场"归一化"，跟随一个指示或者符合一个趋势行动，这不就是深度学习中的归一化吗？

10.1 常用的数据归一化方法

我国度量衡制度（见图 10-1）具有悠久的历史。它的起源和标准记载不一。据史书称，黄帝设立了度、量、衡、里、亩五个量；舜召集四方君长把各部族的年月四季时辰、音律和度量衡协同起来；夏禹治水使用规矩准绳为测量工具，并以自己的身长和体重作为长度和重量的标准。这些传说在一定程度上反映了古代度量衡的萌芽情况。

图 10-1　古代度量衡

真正有信物可作佐证的是西周的青铜器铭文，记有"金十寽""丝三寽""金十匀"的文字。金即铜，"寽"和"匀"是计量的单位名称，说明在金属货币出现以前或同时，已经有了计量重量的手段。

10.1.1　数据归一化的作用

随着社会的发展进步、人们研究领域的不断扩大，所面临的对象也日趋复杂，多指标综合评价方法应运而生。所谓多指标综合评价方法，就是把描述评价对象不同方面的多个指标信息综合起来，并得到一个综合指标，由此对评价对象做一个整体上的评判，并进行横向或纵向比较。

在多指标评价体系中，由于各评价指标的性质不同，通常具有不同的量纲和数量级。当各指标间的水平相差很大时，如果直接用原始指标值进行分析，就会突出数值较高的指标在综合分析中的作用，相对削弱数值水平较低指标的作用。因此，为了保证结果的可靠性，需要对原始指标数据进行归一化处理。

在一些实际问题中，遇到的样本数据都是多个维度的，即一个样本是用多个特征来表征的。比如在预测房价的问题中，影响房价的因素有房子面积、卧室数量等，得到的样本数据就是这样一些样本点，这里的影响因素又被称为特征。

很显然，这些特征的量纲和数值的量级都是不一样的。在预测房价时，如果直接使用原始的数据值，那么它们对房价的影响程度将是不一样的，通过归一化处理，可以使得不同的特征具有相同的尺度（Scale）。

目前来说，数据归一化方法有多种，归结起来可以分为直线型方法（如极值法、标准差法）、折线型方法（如三折线法）、曲线型方法（如半正态性分布）。不同的归一化方法对系统的评价结果会产生不同的影响，然而在实际中，数据归一化方法的选择并没有通用的法则可以遵循。

图 10-2 中以二维数据为例：左图表示的是原始数据；中间的是中心化后的数据，数据被移动到原点周围；右图将中心化后的数据除以标准差，得到为归一化的数据，可以看出每个维度上的尺度是一致的（红色线段的长度表示尺度）。

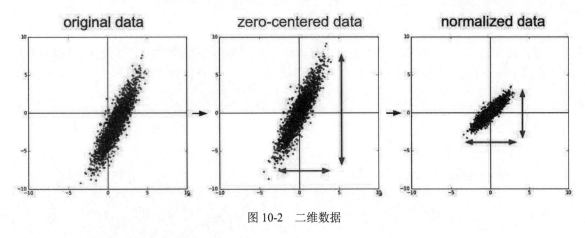

图 10-2　二维数据

10.1.2　几种常用的数据归一化

数据的归一化（Normalization）是将数据按比例缩放，使之落入一个小的特定区间。在某些比较和评价的指标处理中经常会用到，去除数据的单位限制，将其转化为无量纲的纯数值，便于不同单位或量级的指标能够进行比较和加权。

其中，最典型的就是数据的归一化处理，即将数据统一映射到[0,1]区间上，常见的数据归一化的方法有：

- min-max 归一化（min-max Normalization）。
- z-score 归一化（zero-mean Normalization，此方法最为常用）。
- log 函数转换。
- sigmoid 函数转换。

本文只介绍 min-max 归一化法、z-score 归一化法、log 函数转换法以及 sigmoid 函数转换。

1. min-max 归一化法

min-max 归一化也叫离差归一化，是对原始数据的线性变换，使结果落到[0,1]区间，转换函数如下：

$$x = \frac{x - \min(x)}{\max(x) - \min(x)}$$

其中，max 为样本数据的最大值，min 为样本数据的最小值。

代码实现如下所示：

【程序 10-1】

```
def MaxMinNormalization (x):
    """[0,1] Normalization"""
    x = (x - np.min(x)) / (np.max(x) - np.min(x))
    return x
```

2. z-score 归一化法

z-score 归一化是基于数据均值和方差的归一化方法。归一化后的数据是均值为 0、方差为 1 的正态分布。这种方法要求原始数据的分布可以近似为高斯分。归一化公式如下：

$$x = \frac{x - \text{mean}}{\text{std}}$$

代码实现如下所示：

```
def ZscoreNormalization(x):
    """Z-score Normalization"""
    x = (x - np.mean(x)) / np.std(x)
    return x
```

3. log 函数转换法

log 函数转换法是以 log10 为底除以 log10(max)后的计算方法，代码实现如下：

```
def LogNormalization (x):
    """Z-score Normalization """
    x = np.log(x) / np.log(np.max(x))
    return x
```

除以 log10(max)的作用是确保结果一定落到[0,1]区间上。

4. sigmoid 函数转换法

sigmoid 函数是一个具有 S 形曲线的函数，是良好的阈值函数，在(0, 0.5)处中心对称，在(0, 0.5)附近有比较大的斜率，当数据趋向于正无穷和负无穷的时候，映射出来的值就会无限趋向于 1 和 0。sigmoid 公式如下：

$$S(x) = \frac{1}{1 + e^{-x}}$$

代码实现如下所示：

```
def sigmoid(X,useStatus):
    """ sigmoid Normalization """
return 1.0 / (1 + np.exp(-float(X))
```

10.2　不那么深的深度学习模型的正则化方法

相对于数据的归一化处理，深度学习中对数据的要求更为严格一些，前面所说的几种数据归一化方法在使用时大多数是改变了数据的范围、均值和方差，但是对于其分布却没有改变。数据非正态分布使深度学习模型依旧能够在其上进行收敛，但是相对于呈现正态分布的数据则收敛得更慢而且没有太强的健壮性和抗干扰性。

10.2.1 "浅度" 学习中的正则化

神经网络的拟合能力非常强，通过不断迭代，在训练数据上的误差率往往可以降到非常低，从而导致过拟合（从偏差-方差的角度来看就是高方差）。因此，必须运用正则化方法来提高模型的泛化能力，避免过拟合。

在传统的层数不是太高（一般小于 7 层）的深度学习中，主要通过限制模型的复杂度来提高泛化能力，比如在损失函数中加入 L_1 范数或者 L_2 范数。

这种方法在深度神经网络算法中也会运用到，但是在深层神经网络中，特别是模型参数的数量远大于训练数据的数量的情况下，L_1 和 L_2 正则化的效果往往不如在浅层机器学习模型中显著。

1. 使用 L1 和 L2 范数的正则化

范数（Norm）是数学中的一种基本概念。在数学分析中，它定义在赋范线性空间中，并满足一定的条件，即非负性、齐次性、三角不等式。它常常被用来度量某个向量空间（或矩阵）中每个向量的长度或大小。其分类如下：

- L0 范数是指向量中非 0 的元素个数。
- L1 范数是指向量中各个元素绝对值之和。
- L2 范数是指向量各元素的平方和，然后求平方根。

L0 范数在使用中难以优化和计算梯度，因此一般不使用 L0 优化。L1 范数可以进行特征选择，即让特征的系数变为 0。

最常用的是 L2 范数，L2 范数的作用是防止过拟合，提升模型的泛化能力，有助于处理数据分布不好下的数据集。本节着重介绍 L2 范数。

2. L2 范数的公式与使用方法

L2 范数其实是一个数学概念，其定义如下：

$$||a|| = \sqrt{\sum_i^n a_i^2} = \sqrt[2]{a_1^2 + a_2^2 + \cdots + a_n^2}$$

认真观察可以发现 L2 范数采用的是前面欧几里得距离的计算方法，所以欧氏距离实际上也是一种 L2 范数，即表示向量的平方和再开方。

前面在介绍线性回归时向读者演示了最小二乘法的使用，而最小二乘法的实质也就是使得数据和线性方程的误差平方和最小，即：

$$\min\_C(\theta) = \frac{1}{2}\sum(h_\theta(x^i) - y^i)^2 = \frac{1}{2}(x_\theta - y)^{\mathrm{T}}(x_\theta - y)$$

$C(\theta)$ 被称为损失函数或者代价函数，公式求解的目的就是找到线性模型的解，即找到一个 θ 值能够使函数 C 取得最小值，也就是对 C 进行求导，之后得到导数为 0 的点，称之为驻点。

L2 范数的使用即在损失函数的后面加上 L2 范数的过程：

$$\min_{C(\theta)} + ||a|| = \frac{1}{2}(x_\theta - y)^{\mathrm{T}}(x_\theta - y) + \frac{\gamma}{2n}\sum_{j=1}^{n}\theta_j^2$$

公式 $\gamma\sum_{j=1}^{n}\theta_j^2$ 为损失函数 $C(\theta)$ 额外增加的 L2 正则化计算，γ 为 L2 值的权重系数，n 为线性方程参数的总个数，θ_j 为线性函数本身的参数。通过增加一项计算损失函数 $C(\theta)$ 中参数的平方和来修正损失函数的计算。

为什么加入 L2 正则化以后可以使得模型具有更强的健壮性和泛化能力？

● 从模型的复杂度上解释：更小的权值 θ，从某种意义上说，表示网络的复杂度更低，对数据的拟合更好（这个法则也叫作奥卡姆剃刀）。在实际应用中，也验证了这一点，L2 正则化的效果往往好于未经正则化的效果。

● 从数学方面解释：过拟合的时候，拟合函数的系数往往非常大，如图 10-3 所示。（过拟合就是拟合函数需要考虑每一个点，最终形成的拟合函数波动很大。）

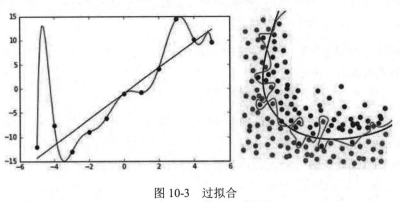

图 10-3 过拟合

因此，在某些很小的区间里，函数值的变化很剧烈。这就意味着函数在某些小区间里的导数值（结合倒数的定义，即参数的变化率）非常大。由于自变量值可大可小，因此只有系数足够大才能保证导数值很大。正则化是通过约束参数的范数使其不要太大，所以可以在一定程度上减少过拟合情况。

具体的证明过于复杂，有兴趣的读者可以自行研究完成。

10.2.2 关于过拟合问题的解决

前面已经说过，深度学习中的归一化和正则化的一个重要作用是防止模型过拟合，然而实际上这也是深度学习中最为重要的内容。

在实践中，检测模型过拟合是困难的。很多时候将训练好的模型上线后才意识到模型出现问题。事实上，只有通过新数据的建议才能确保一切正常。

图 10-4 展示了一组数据分布的图片，可以很明显地看到使用不同的模型对数据的判别作用以及正则化以后的模型对数据的分类情况。与没有经过正则化处理的深度学习模型相比，正则化以后模型的拟合情况更好、分类更为准确。

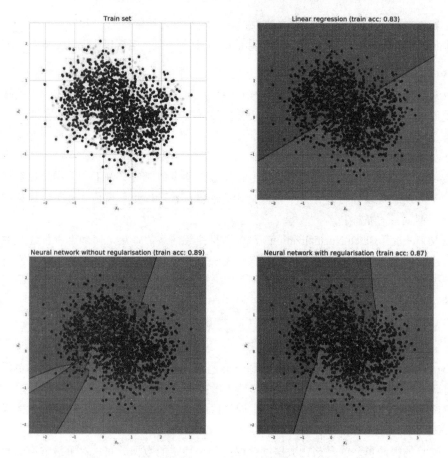

图 10-4　数据分布图片

右上角为线性回归，左下角为深度学习模型，右下角为正则化的模型。

过拟合的来源很多，归根结底还是深度学习训练模型的数据来源不够广泛。

1. 观察值与真实值存在偏差

训练样本的获取本身就是一种抽样。抽样操作就会存在误差，也就是训练样本取值 X，$X = x$（真值）$+ u$（随机误差）。机器学习的优化函数多为最小化损失函数 C，自然就是尽可能地拟合 X，而不是真实的 x，所以就称为过拟合了，这实际上是学习到了真实规律以外的随机误差。

例如，做人脸识别，判断一张照片中有人脸而不是动物或者其他类型，人脸场景中会存在背景，要是这批人脸数据中的背景 A 都相似，即都在同一个场景中学出来的模型见到背景 A 就会认为是人脸，那么这个背景 A 就是样本引入的误差。

2. 数据太少，导致无法描述问题的真实分布

举个例子，投硬币问题是一个二项分布，如果碰巧投了 10 次，都是正面，那么根据这个数据学习是无法揭示规律的。根据统计学的大数定律（通俗地说，这个定理就是在试验不变的条件下重复试验多次，随机事件的频率近似于它的概率），样本多了，真实规律是必然会出现的。

为什么说数据量大了以后就能防止过拟合？首先，数据量大了，数据量太少的问题就不再存在

了；其次数据量大了，在训练时会抵消真实数据和抽样数据之间的误差。

除了前面所说的 L1 和 L2 正则化，还有其他的方法可以在一定程度上防止过拟合的产生：

- 随机失活（Dropout）：深度学习中最常用的正则化技术，随机丢掉一些神经元。
- 数据增强：比如将原始图像翻转平移拉伸，从而使模型的训练数据集增大。数据增强已经是深度学习的必需步骤，对模型的泛化能力增加普遍有效，但是不必做得太过，将原始数据量增加到两倍就可以了，但是增加十倍、百倍就只是增加了训练所需的时间，不会继续增加模型的泛化能力了。
- 提前停止（Early Stopping）：让模型在训练差不多的时候就停下来，比如继续训练带来提升不大或者连续几轮训练都不带来提升的时候，就可以避免只是改进了训练集的指标但降低了测试集的指标。
- 批量归一化（Batch Normalization）：将卷积神经网络的每层之间加上将神经元的权重调成标准正态分布的正则化层，这样可以让每一层的训练都从相似的起点出发，而对权重进行拉伸，等价于对特征进行拉伸，在输入层等价于数据增强。注意，正则化层是不需要训练的。

10.2.3 批量归一化详解

批量归一化能够加载在深度学习模型的每一层之上，从而使得模型在拟合时能够更好地对输入的向量做出调整，因为随着网络层数的增加，输入数据的分布会随着深度学习模型的层数增加逐渐发生偏移，输入向量的整体分布往非线性函数取值区间的上下限靠近，从而导致反向传播时梯度消失。

归一化的目的很简单，就是想让数据能够保持一个稳定的数据分布。对于最常用的数据归一化方法，其公式如下：

$$\hat{x}^k = \frac{x^k - E(x^k)}{\sqrt{\mathrm{Var}(x^k)}} \quad （x^k\text{为向量参数}）$$

其目的是要数据具有一个正态分布，具有 0 均值和单位方差。如果简单地这么干，就会降低层的表达能力。比如在使用 sigmoid 激活函数时，如果把数据限制到 0 均值单位方差，那么相当于只使用了激活函数中近似线性的部分，显然会降低模型表达能力，如图 10-5 所示。

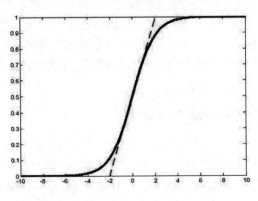

图 10-5　会降低模型表达能力

深度学习的优化一般采用批梯度下降方法。这种方法把数据分为若干组，按组来更新参数，一组中的数据共同决定了本次梯度的方向，下降时减少了随机性。另外，使用批处理会使每次训练时的样本数保持在一个合理的数值，从而节省硬件资源。

1. 批量归一化

批量归一化（Batch Normalization，或称为批量标准化）主要用于加速网络的训练过程，它最早于 2015 年由 Sergey Ioffe 和 Christian Szegedy 提出。当时人们发现训练神经网络是一件比较麻烦的事情，因为在训练过程中每层（Layer）输入的分布（Distribution）都会因为前面层中参数的变化而变化。这样使得训练过程需要更小的学习率（Learning Rate）和精心设计的参数初始化（Parameter Initialization）。

为了解决该问题，笔者尝试以 mini-batch 为单位对每层的输入进行归一化，即所谓的批量归一化。相对于前面介绍的通用的深度学习正则化方法，新提出的批量归一化增强了模型泛化能力，通过增加两个参数γ和β来保持模型的表达能力。

同时经过正则化计算后γ和β代表的其实是输入数据分布的方差和偏移。对于没有进行批量归一化的网络，这两个值与前一层网络带来的非线性性质有关，而经过变换后就跟前面一层无关，变成当前层的一个学习参数，这更加有利于优化并且不会降低网络的能力。

因此，在正式使用的时候归一化首先进行第一次变换，公式变为：

$$\hat{x}^k = \frac{x^k - E(x^k)}{\sqrt{\mathrm{Var}(x^k)}} \quad (x^k \text{为向量参数})$$

$$\hat{x} = \gamma^k \hat{x}^k + \beta^k$$

上述公式中用到了均值 E 和方差 Var。需要注意的是，理想情况下 E 和 Var 应该是针对整个数据集的，显然这是不现实的。因此，这里做了简化，用一个批量（Batch）的均值和方差作为对整个数据集均值和方差的估计。

原始的批量归一化算法如图 10-6 所示。

可以看到实际中的批量归一化与前面推导的有所差异，新添加的一个ε是一个极小数，目的是为了防止分母为 0 无法计算，新的公式如下：

$$\hat{x}^k = \frac{x^k - E(x^k)}{\sqrt{\mathrm{Var}(x^k) + \varepsilon}}$$

$$\hat{x} = \gamma^k \hat{x}^k + \beta^k$$

图 10-7 是批量归一化的一些问题和方法，请读者参照学习。

Input: Values of x over a mini-batch: $\mathcal{B} = \{x_{1...m}\}$;
Parameters to be learned: γ, β
Output: $\{y_i = \mathrm{BN}_{\gamma, \beta}(x_i)\}$

$$\mu_\mathcal{B} \leftarrow \frac{1}{m} \sum_{i=1}^{m} x_i \qquad \text{// mini-batch mean}$$

$$\sigma_\mathcal{B}^2 \leftarrow \frac{1}{m} \sum_{i=1}^{m} (x_i - \mu_\mathcal{B})^2 \qquad \text{// mini-batch variance}$$

$$\hat{x}_i \leftarrow \frac{x_i - \mu_\mathcal{B}}{\sqrt{\sigma_\mathcal{B}^2 + \epsilon}} \qquad \text{// normalize}$$

$$y_i \leftarrow \gamma \hat{x}_i + \beta \equiv \mathrm{BN}_{\gamma, \beta}(x_i) \qquad \text{// scale and shift}$$

Algorithm 1: Batch Normalizing Transform, applied to activation x over a mini-batch.

图 10-6　批量归一化算法

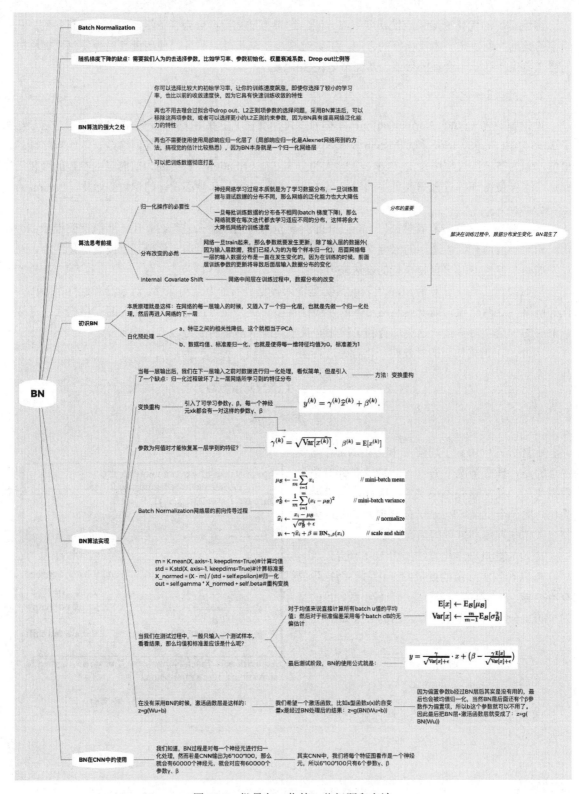

图 10-7　批量归一化的一些问题和方法

最后说一下批量归一化的作用：

- 改善流经网络的梯度。
- 允许更大的学习率，大幅提高训练速度：可以选择比较大的初始学习率，而不用考虑学习率的衰减和调整。
- 减少对初始化的强烈依赖。
- 改善正则化策略：作为正则化的一种形式，轻微减少了对随机失活的需求，我们再也不用去理会过拟合中随机失活、L2 正则项参数的选择问题了。采用批量归一化算法后，我们可以移除这两项参数，或者选择更小的 L2 正则约束参数，因为批量归一化具有提高网络泛化能力的特性。
- 可以把训练数据彻底打乱，增强模型的泛化能力。

2. 层归一化

批量归一化（Batch Normalization）的诞生解决了在每一层的向量的偏移问题，但是它需要在以 mini-batch 为单位的基础上对每层的输入进行归一化（Normalizing）。2016 年 Hinton 等人提出层归一化（Layer Normalization，或称为层标准化），层归一化主要是为了解决批归一化的计算必须依赖 mini-batch 的大小导致其不能在诸如 RNN 等循环神经网络中使用的问题。

层归一化和批量归一化的不同点是归一化的维度是互相垂直的，如图 10-8 所示。在图 10-8 中，N 表示样本轴，C 表示通道轴，F 是每个通道的特征数量。批量归一化如左侧所示，取不同样本同一个通道的特征做归一化；层归一化如右侧所示，取同一个样本的不同通道做归一化。

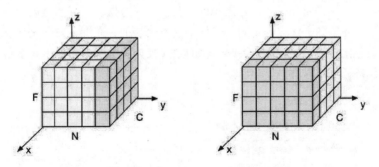

图 10-8　批量归一化（左）与层归一化（右）

批量归一化是按照样本数计算归一化统计量的，当样本数很少时，比如只有 3 个，这 3 个样本的均值和方差便不能反映全局的统计分布信息，所以基于少量样本的批量归一化效果会变得很差。在一些场景中，比如说硬件资源受限、在线学习等场景，批量归一化是非常不适用的。

层归一化基于样本的自身特征做归一化处理，设 k 为当前层归一化层所在的权重总数，则可以计算层归一化的归一化统计量 μ 和 σ：

$$\mu^k = \frac{1}{k} \sum_{1}^{k} x_i^k$$

$$\sigma^k = \sqrt{\frac{1}{k}\sum_1^k (x_i^k - \mu^k)^2}$$

上面统计量的计算与样本数量（每个 mini-batch 中的个数）是没有关系的，其数量只取决于隐藏层节点的数量，所以只要隐藏层节点的数量足够多，就能保证层归一化的归一化统计量足够具有代表性。通过 μ^k 和 σ^k 可以得到归一化后的公式：

$$\hat{x}^k = \frac{x^k - \mu^k}{\sqrt{(\sigma^k)^2 + \epsilon}} \quad (x^k 为向量参数)$$

其中，ϵ 是一个很小的小数，防止分母为 0。

与批量归一化相似，使用层归一化的归一化数据后还需要对其进行泛化，这样就能学习到整个数据集的归一化信息，因此增加了两个额外的参数。在层归一化中，这组参数为 g 和 b，对应增益（Gain）和偏置（Bias），等同于批量归一化中参数的 γ 和 β。

此时，新的层归一化公式如下：

$$\hat{x}^k = \frac{x^k - \mu^k}{\sqrt{(\sigma^k)^2 + \epsilon}} \quad (x^k 为向量参数)$$

$$\hat{x} = g^k \hat{x}^k + b^k$$

注意，层归一化是和批量归一化非常近似的一种归一化方法，不同的是批量归一化取的是不同样本的同一个特征，而层归一化取的是同一个样本的不同特征。在批量归一化和层归一化都能使用的场景中，批量归一化的效果一般优于层归一化的效果（见图 10-9），原因是基于不同数据，同一特征得到的归一化特征更不容易损失信息。

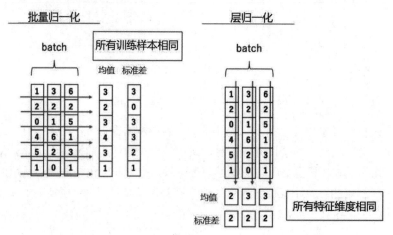

图 10-9　批量归一化和层归一化在同一场景的对比

有些场景是不能使用批量归一化的，例如批量大小（Batch Size）较小或者在 RNN 中，这时可以选择使用层归一化。归一化得到的模型更稳定，且能起到归一化的作用。RNN 能应用到小批量是因为层归一化的归一化统计量的计算是和批量大小没有关系的。

批量归一化和层归一化是模型归一化的不同方法，虽然这些归一化方法往往能提升模型的性能，但是启动一个项目时具体选择哪个归一化方法仍然需要人工选择，这往往需要进行大量的对照实验或者基于开发者的丰富经验才能选出最合适的归一化方法。

有没有一种归一化的方法可以帮助使用者自行选择合适的归一化方法呢？答案是有的，即自适配归一化（Switchable Normalization）。它的算法核心在于提出了一个可微的归一化层，可以让模型根据数据来学习到每一层该选择的归一化方法亦或是三个归一化方法的加权和。限于篇幅的关系，这里就不再深入介绍了，有兴趣的读者可以自行参考相关资料进行学习。

10.2.4 深度学习中的随机失活

随机失活（Dropout）通过随机关闭一些神经网络单元来防止模型的过拟合（见图 10-10），即当一个复杂的前馈神经网络在用小数据集进行训练时容易造成过拟合。为了防止过拟合，可以通过阻止部分神经网络单元的共同作用来提高神经网络的性能。实际上，随机失活也是一种对模型的归一化方法。

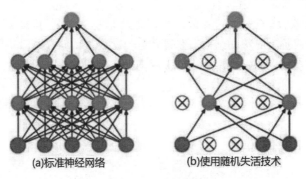

图 10-10　随机失活技术

随机关闭一些神经网络节点，可以将深度学习模型看作是 2^N 个模型的集合，此外随机失活强迫一个神经单元和随机挑选出来的其他神经单元共同工作，消除减弱了神经元节点间的联合适应性，增强了泛化能力。

10.2.5 深度学习中的初始化

参数初始化作为模型训练的起点，决定了模型训练的初始位置。选择的好坏会在很大程度上影响收敛的速度与最终的训练结果。一般来说，参数初始化遵循以下几点要求：

● 不建议同时初始化为一个值，容易出现"对称失效"。

● 最好保证均值为 0，正负交错，参数大致数量相等。

● 初始化参数不要太大或太小，前者会导致梯度发散难以训练，后者会导致特征对后面的影响逐渐变小。

初始化的一般方法有全零初始化、随机初始化、Xavier 初始化以及 He 初始化，如图 10-11 所示。

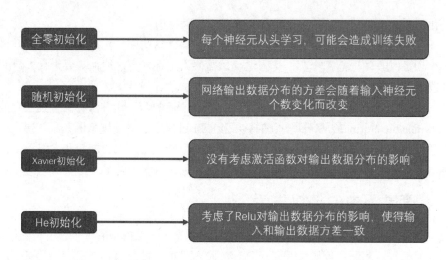

图 10-11　初始化的一般方法

1. 全零初始化与随机初始化

如果神经元的权重被初始化为 0，那么在第一次更新的时候除了输出之外，所有中间层的节点值都为零。一般神经网络拥有对称的结构，在进行第一次误差反向传播时，更新后的网络参数将会相同，在下一次更新时，相同的网络参数学习提取不到有用的特征，因此深度学习模型都不会使用0 初始化所有参数。

随机初始化时，一般值大了容易饱和，值小了对后面的影响太小，激活函数的效果也不好。

2. Xavier 初始化

Xavier 初始化又分为正态化的 Xavier 初始化（glorot_normal）以及标准化的 Glorot 初始化（glorot_uniform）。

glorot_normal 是 Xavier 正态分布初始化器，也称为 Glorot 正态分布初始化器。首先定义 fan_in 是权值张量中输入单位的数量，fan_out 是权值张量中输出单位的数量。glorot_normal 从以 0 为中心、标准差为 std=sqrt(2/(fan_in+fan_out)) 的截断正态分布中抽取样本。

glorot_uniform 是 Xavier 均匀分布初始化器，也称为 Glorot 均匀分布初始化器。它从[−limit，limit]中的均匀分布中抽取样本，其中 limit=sqrt(6/(fan_in+fan_out))。

3. He 初始化

He 初始化是在 Xavier 的基础上修正标准差和limit的计算值而得到的一种新型标准化方法。

正态化的 kaiming 初始化（he_normal）是从以 0 为中心、标准差为stddev = sqrt(2 / fan_in)的截断正态分布中抽取样本。其中，fan_in是权值张量中输入单位的数量。标准化的 kaiming 初始化（he_uniform）是从[−limit，limit]中的均匀分布中抽取样本。其中，limit = sqrt(6 / fan_in)，而fan_in是权值张量中输入单位的数量。

使用梯度下降法对参数进行优化深度学习时，非常关键的一个问题是如何合理地初始化参数值，因此提出了 Xavier 初始化和 He 初始化等方法。虽然初始化的功能没有归一化那么大，但是对于深度学习模型来说能够增强其健壮性和抗过拟合的能力也是非常重要的。

10.3　本章小结

本章介绍了深度学习中的归一化方法。对于深度学习的训练来说,归一化是一项必不可少的内容。本章详细介绍了批量归一化与层归一化两种归一化方法,并且讨论了随机失活和初始化这几种同样影响深度学习模型训练的组件。

这里只是介绍了这些组件最基本的数学原理和用法。事实上,随着人们对这些认识的加深,就会有更好的研究应用和发展。

第11章

众里寻她千百度
——人脸识别的前世今生

　　追捕目标的特工逆行在人群中，目之所及的每位行人都会被特工所戴的隐形眼镜捕捉面部画面，进而识别身份信息——电影《碟中谍4》中这令人赞叹的经典一幕依靠的正是人脸识别技术。

　　电影《速度与激情7》中的"天眼计划"同样让人惊叹：头戴一个黑框眼镜，就可以对海底、地面和天空中的任何物体扫描图像，迅速识别符合特征的目标，从而找到开启"天眼"的关键人物（见图11-1）。

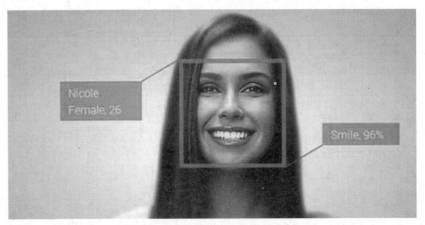

图 11-1　天眼

　　电影场景中神秘的人脸识别技术其实早已走进生活变为现实。就像电影里用于识别特定人物一样，当今的安防领域也需要人脸识别技术抓捕犯罪嫌疑人，这已成为案件侦破的关键利器。

11.1　人脸识别简介

人脸识别技术是基于人的脸部特征信息进行身份识别的一种生物识别技术。用摄像机或摄像头采集含有人脸的图像或视频流，并自动在图像中检测和跟踪人脸，进而给出每个脸的位置、大小和各个主要面部器官的位置信息，并依据这些信息进一步提取每个人脸中所蕴含的身份特征，将其与已知的人脸进行对比，从而识别每个人身份的一系列相关技术。因而，人脸识别通常也叫作人像识别、面部识别。

11.1.1　人脸识别的发展历程

早在 20 世纪 50 年代，认知科学家就已着手对人脸识别展开研究。20 世纪 60 年代，人脸识别工程化应用研究正式开启。当时的方法主要利用了人脸的几何结构，通过分析人脸器官特征点及其之间的拓扑关系进行辨识。这种方法简单直观，但是一旦人脸姿态、表情发生变化，则识别精度就会严重下降。

1991 年，著名的"特征脸"方法第一次将主成分分析和统计特征技术引入人脸识别，在实用效果上取得了长足的进步。这一思路也在后续研究中得到进一步发扬光大，例如 Belhumer 成功将 Fisher 判别准则应用于人脸分类，提出了基于线性判别分析的 Fisherface 方法。

21 世纪的前十年，随着机器学习理论的发展，学者们相继探索出了基于遗传算法、支持向量机（Support Vector Machine，SVM）、boosting、流形学习以及核方法等进行人脸识别。2009 年至 2012 年，稀疏表达（Sparse Representation）凭借优美的理论和对遮挡因素的鲁棒性成为当时的研究热点。

基于 Gabor 和 LBP 的特征描述子（见图 11-2）是迄今为止在人脸识别领域最为成功的两种人工设计局部描述子。

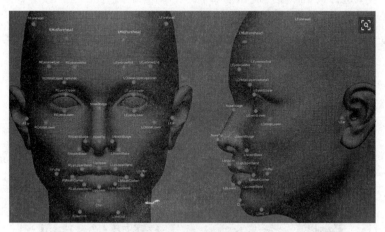

图 11-2　特征描述子

对各种人脸识别影响因子的针对性处理也是这一阶段的研究热点，比如人脸光照归一化、人脸姿态校正、人脸超分辨以及遮挡处理等。也是在这一阶段，研究者的关注点开始从受限场景下的人脸识别转移到非受限环境下的人脸识别。

LFW 人脸识别公开竞赛在此背景下开始流行，当时最好的识别系统尽管在受限的 FRGC 测试集上能取得 99%以上的识别精度，但是在 LFW 上的最高精度仅仅在 80%左右，离实用看起来距离颇远。

2013 年，MSRA 的研究者首度尝试了 10 万规模的大训练数据，并基于高维 LBP 特征和 Joint Bayesian 方法在 LFW 上获得了 95.17%的精度。这一结果表明：大训练数据集对于有效提升非受限环境下的人脸识别很重要。然而，以上所有这些经典方法都难以处理大规模数据集的训练场景。

2014 年前后，随着大数据和深度学习的发展，神经网络备受瞩目，并在图像分类、手写体识别、语音识别等应用中获得了远超经典方法的结果。香港中文大学的 Sun Yi 等人提出将卷积神经网络应用到人脸识别上，采用 20 万训练数据，在 LFW 上第一次得到超过人类水平的识别精度，这是人脸识别发展历史上的一座里程碑。自此之后，研究者不断改进网络结构，同时扩大训练样本规模，将 LFW 上的识别精度推高到 99.5%以上。

11.1.2 人脸识别的一般方法

人脸识别技术是基于人的面部特征信息进行身份识别的一种生物识别技术，如此神奇的技术背后需要一整套复杂的程序来完成，主要包括人脸检测、关键点检测和人脸识别"三部曲"。人脸检测主要依靠摄像头等硬件捕捉图像，关键点检测和人脸识别则依靠深度学习算法、三维动态人脸识别和超低分辨率人脸识别技术。

简单来说，人脸识别就是使用多种测量方法和技术来扫描人脸，包括热成像、3D 人脸地图、独特特征（也称为地标）分类等分析面部特征的几何比例，关键面部特征之间的映射距离，皮肤表面纹理。人脸识别技术属于生物统计学的范畴，即生物数据的测量。生物识别技术的其他例子包括指纹扫描，眼睛和虹膜扫描系统。

基于一开始数据的有限性和研究者对人脸识别的认识，最初的人脸识别使用的工具和方法相当简单，包括在人脸上进行人工标注，例如眼部中心、嘴部等标志性部位；接着，计算机会将这些标注进行精确的旋转，以对不同的姿态变化和面部表情做出相应补偿。同时，人脸及图像上参照点之间的距离也会被自动计算，用于和照片做比较，以此确定人脸识别目标的身份信息（见图 11-3）。

图 11-3　确定人脸识别目标的身份

目前人脸识别法主要集中在二维图像方面。二维人脸识别主要利用分布在人脸上从低到高 80 个节点或标点，通过测量眼睛、颧骨、下巴等之间的间距来进行身份认证。在这里，节点是用来测量一个人面部变量的端点，比如鼻子的长度或宽度、眼窝的深度和颧骨的形状。该系统的工作原理是捕捉个人面部数字图像上节点的数据，并将结果数据存储为脸纹。然后，脸纹就被用作与从图像或视频中捕捉的人脸数据进行比较的基础。

此时的人脸识别技术对人的头部位置、面部表情以及年龄的易变性辨识度非常低，这是由于一些研究人员经常使用却未经处理的光学数据相关方案（或匹配模式），从而导致光学相片在变化显著的情况下辨识失败。同一个人在同一个时间和场景下即使转动头部的位置造成光影的变化也会使得识别的准确率非常低。

随着深度学习的兴起，传统的人脸识别方法已经被基于卷积神经网络的深度学习方法接替。深度学习方法的主要优势是它们可用非常大型的数据集进行训练，从而学习到表征这些数据的最佳特征。网络上可用的大量自然人脸图像已让研究者可收集到大规模的人脸数据集，这些图像也自然包含了真实世界中的各种变化情况。

使用这些数据集训练的基于深度学习的人脸识别方法实现了非常高的准确度，因为它们能够学到人脸图像中稳健的特征，从而能够应对在训练过程中使用的人脸图像所呈现出的真实世界变化的情况。

此外，深度学习方法在计算机视觉方面的不断普及也在加速人脸识别研究的发展，因为深度学习也正被用于解决许多其他计算机视觉任务，比如目标检测和识别、分割、光学字符识别、面部表情分析、年龄估计等。

11.1.3 人脸识别的通用流程

人脸识别技术主要是通过人脸图像特征的提取与对比来进行的。人脸识别系统将提取的人脸图像的特征数据与数据库中存储的特征模板进行搜索匹配，当相似度超过设定的阈值时就把匹配得到的结果输出。将待识别的人脸特征与已得到的人脸特征模板进行比较，根据相似程度对人脸的身份信息进行判断。这一过程又分为两类：一类是确认，是一对一进行图像比较的过程，另一类是辨认，是一对多进行图像匹配对比的过程。

人脸识别的流程一般包括人脸的获取、人脸的预处理（人脸检测和位置检测）、人脸特征提取、人脸识别等，如图 11-4 所示。其中，以人脸的预处理和人脸特征提取为重中之重。

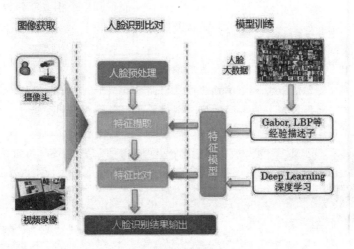

图 11-4 人脸识别系统组成

1. 人脸的获取

人脸检测主要依靠摄像头、监测仪等硬件捕捉图像，近年来也有通过小型化设备的远程手段获取图像。目前已研发出"三维动态人脸识别"的捕捉设备，可以针对运动中捕获的人脸图像进行准确识别。通过人脸骨骼轮廓进行识别，保证在不同的光线、动态的情况下也能精确获得图像。

2. 人脸的预处理

人脸的预处理是人脸检测的关键，其中包括两部分内容：

- 是不是人脸。
- 人脸在哪。

这两个部分是人脸检测的基础。想要找到人脸，首先需要判定是不是人脸，这是人脸检测的第一个环节。这个貌似简单的任务实际上困扰了研究者相当长的一段时间，毕竟人类和其他生物的人脸并没有本质差异。面对多种物体的图像信息时，需要采用特定算法才可智能挑选出"人脸图像"，找到"脸在哪"。人脸检测算法的原理简单来说是一个"扫描"加"判定"的过程，即首先在整个图像范围内扫描，再逐个判定候选区域是否为人脸。因此，人脸检测算法的计算速度会跟图像大小以及图像内容相关。

在实际应用时，可以通过设置"输入图像尺寸""最小脸尺寸限制""人脸数量上限"的方式来加速算法。

3. 人脸特征提取

人脸特征提取的人脸识别技术的核心环节在于，通过眼睛、眉毛、鼻子、嘴巴、脸颊轮廓特征关键点和面部表情网，提取出各自特征，并找出彼此之间的关联。人脸图像的像素值会被转换成紧凑且可判别的特征向量。理想情况下，同一个主体（同一个人）的所有人脸都应该提取到相似的特征向量。

4. 相似度匹配

在人脸匹配构建模块中，两个模板会进行比较，从而得到一个相似度分数。简单地说就是计算距离。在你进行识别的最后一步时，需要确认两个人是不是一个人，这就要计算两个人脸图像的各个像素点之间的差值的总和。

除此之外，对于人脸检测来说还涉及人脸对齐、活体检测、人脸聚类等一系列的复杂步骤。人脸识别不是一个单纯的算法或者一个单独的项目，而是一整个问题的解法，这个解法将用户交互和算法紧密结合，而在何种场景下使用何种算法则需要使用者有丰富的经验。

下面给出一个使用 face_recognition 进行人脸识别的一个例子。

【程序 11-1】

```
import face_recognition

# 加载 2 张已知面孔的图片
known_obama_image = face_recognition.load_image_file("1.jpg")
known_biden_image = face_recognition.load_image_file("2.jpg")
```

```
# 计算图片对应的编码
img1_face_encoding = face_recognition.face_encodings(known_obama_image)[0]
img2_face_encoding = face_recognition.face_encodings(known_biden_image)[0]

known_encodings = [
    img1_face_encoding,
    img2_face_encoding
]

# 加载一张未知面孔的测试图片（test）
image_to_test = face_recognition.load_image_file("test.jpg")

# 计算图片对应的编码
image_to_test_encoding = face_recognition.face_encodings(image_to_test)[0]

# 计算未知图片与已知的两个面孔的距离
face_distances = face_recognition.face_distance(known_encodings,
image_to_test_encoding)

for i, face_distance in enumerate(face_distances):
    print("The test image has a distance of {:.2} from known image
#{}".format(face_distance, i))
    print("- With a normal cutoff of 0.6, would the test image match the known image?
{}".format(face_distance < 0.6))
    print("- With a very strict cutoff of 0.5, would the test image match the known
image? {}".format(face_distance < 0.5))
print()
```

　　face_recognition 是较为常用的人脸识别的 Python 库，这里只是举了一个简单的例子，有兴趣的读者可以自行完成。

11.2　基于深度学习的人脸识别

　　在深度学习出现后，人脸识别技术才真正有了可用性。这是因为在之前的机器学习技术中难以从图片中取出合适的特征值。由于年纪、光线、拍摄角度、气色、表情、化妆、佩饰挂件等不同，同一个人的面部照片在照片像素层面上的差别很大，凭借专家们的经验与试错难以取得准确率较高的特征值，自然也无法对这些特征值进一步分类（见图 11-5）。

图 11-5　脸部特征分类

11.2.1　基于深度学习的人脸识别简介

与传统的人脸识别方法不同，深度学习对于样本特征的提取不再由人类本身归纳总结得出，而是由深度学习模型本身进行提取（见图 11-6）。深度学习方法的主要优势是可用大量数据来训练，从而学到对训练数据中出现的变化情况稳健的人脸表征。这种方法不需要设计对不同类型的类内差异（比如光照、姿势、面部表情、年龄等）稳健的特定特征，而是可以从训练数据中学到它们。

深度学习的最大优势在于由训练算法自行调整参数权重，构造出一个准确率较高的特征提取函数，给定一张照片则可以获取到特征值，进而再归类，从而解决单纯依靠人类直觉进行特征提取的难点。

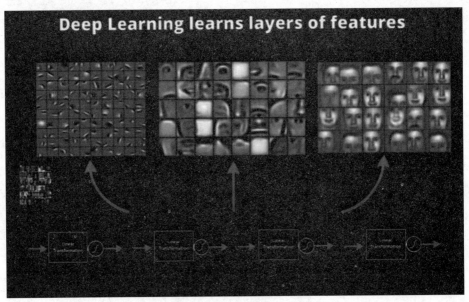

图 11-6　深度学习实现的人脸识别

当前主流的人脸识别算法，在进行人脸识别最核心的人脸比对时，主要依靠人脸特征值的比对。

所谓特征值，即面部特征所组成的信息集。

当人类辨别另一个人时，可能会记住的是对方的双眼皮、黑眼睛、蓝色头发、塌鼻梁等一系列面部特征，但人工智能算法可以辨别和记住的面部特征会比肉眼所能观察到的多很多。人脸识别算法通过深度学习，利用卷积神经网络对海量人脸图片进行学习，借助输入图像，提取出不同人脸的特征向量，以替代人工设计的特征。

每张人脸在算法中都有一组对应的特征值，这也是进行人脸比对的依据。同一个人的不同照片提取出的特征值在特征空间里距离很近，不同人的脸在特征空间里相距较远。我们就是通过这个来识别两张脸是不是同一个人的。人脸识别算法一般会设定一个阈值作为评判通过与否的标准，该阈值一般是用分数或者百分比来衡量。

业界一般采用"认假率（FAR，又称误识率，把某人误识为其他人）"和"拒真率（FRR，本人注册在底库中，但比对相似度达不到预定的值）"来作为评判依据。当人脸比对的相似度值大于此阈值时，则比对通过（是同一个人），否则比对失败（不是同一个人）。相似度阈值是因为对特征值进行分类是概率行为，除非输入的两张照片其实是同一个文件，否则任何两张照片之间都有一个相似度。设定好相似度阈值后唯有两张照片的相似度超过阈值才认为是同一个人。

从人脸识别具体面向的对象上来说，人脸识别又分为"1 对 1"以及"1 对多"。

"1 对 1"就是判断两张照片是否为同一个人，通常应用在认证匹配上，例如身份证与实时抓拍照是否为同一个人，常见于各种网站涉及用户数据库的注册环节。

"1 对多"是给定一个输入包括人脸照片以及其 ID 标识后与多个（甚至高达几十万或者上百万的数据量）数据库中的资料进行比对，由计算机执行的识别环节，给定人脸照片作为输入，输出则是注册环节中某个 ID 标识或者不在注册照片中。

从技术实现的难度上来看，前者相对简单许多，且从工程落地的角度来说，"1 对 1"的注册比对相隔时间都不会太久，涉及识别的准确率门槛比较低，在阈值设置上也可以较为宽松，"1 对多"会随着数据库需要比对的对象数目变大而致使误识别率升高，即使同一个对象可能待识别的照片差异性较大，而识别时间也会变长，因此其判定的阈值设置和技术要求以及模型准确率和拒真率要求都非常严格。

深度学习方法的主要优势是它们可用非常大型的数据集进行训练，从而学习到表征这些数据的最佳特征。网络上可用的大量自然人脸图像已让研究者可收集到大规模的人脸数据集，这些图像包含了真实世界中的各种变化情况。使用这些数据集训练的基于深度学习的人脸识别方法已经达到了非常高的准确度，因为它们能够学到人脸图像中稳健的特征，从而能够应对在训练过程中使用的人脸图像所呈现出的真实世界变化的情况。

此外，深度学习方法在计算机视觉方面的不断普及也在加速人脸识别研究的发展，因为深度学习也正被用于解决许多其他计算机视觉任务，比如目标检测和识别、分割、光学字符识别、面部表情分析、年龄估计等。

使用深度学习来做人脸识别并不是什么新思想。1997 年就有研究者为人脸检测、眼部定位和人脸识别提出了一种名为基于概率决策的神经网络（PDBNN）的早期方法。这种人脸识别 PDBNN 被分成了每一个训练主体一个全连接子网络，以降低隐藏层单元的数量和避免过拟合。研究者使用密度和边特征分别训练了两个 PBDNN，然后将它们的输出组合起来得到最终分类决定。

另一种早期方法则组合使用了自组织映射（SOM）和卷积神经网络。自组织映射是一类以无监督方式训练的神经网络，可将输入数据映射到更低维的空间，同时也能保留输入空间的拓扑性质。

实际上，这两种方法都没有成功，主要原因是使用深度学习在进行模型训练的过程时需要大量的计算机算力做支撑，而当时的计算机算力和所提供的数据不够支撑大规模的深度模型训练。

2014 年在 LFW 上超越了人类辨识率后，深度学习对人脸识别的模型被定义成一个完整的部分：

● 基于明确的人脸对齐和人脸特征提取架构。
● 使用不同的损失函数对特征的区分。
● 大规模数据集的使用。

这些共同构成了深度学习人脸识别过程的基本流程和方法。

11.2.2 用于深度学习的人脸识别数据集

前面已经说了，对于基于深度学习的人脸识别主要影响因素有三个：训练数据、特征抽取架构和损失函数。

一般而言，用于分类任务训练的深度学习模型的准确度会随样本数量的增长而提升。这是因为当类内差异更多时，深度学习模型能够学习到更稳健的特征。对于人脸识别来说，研究者感兴趣的是提取出能够泛化到训练集中未曾出现过的主体上的特征，也就是能够抽取出不同人脸的最关键的特征。因此，用于人脸识别的数据集还需要包含大量不同的主体，这样模型也能学习到更多相同人类所具有的不同个体的特征。

有两份不同的数据集：数据集 A 有 1000 个人，每人 5 张照片；数据集 B 有 500 个人，每人 10 张照片。在照片总数相同的情况下，哪个对于深度学习模型更为友善？答案是 A，即更多的不同个体之间会让深度学习模型学到更多的内容。

对于人脸识别数据集，免费供给公众使用的有以下几个：

（1）CelebA 数据集（见图 11-7）

这是由香港中文大学汤晓鸥教授实验室公布的大型人脸识别数据集。该数据集包含有 20 万张人脸图片，人脸属性有 40 多种，主要用于人脸属性的识别。

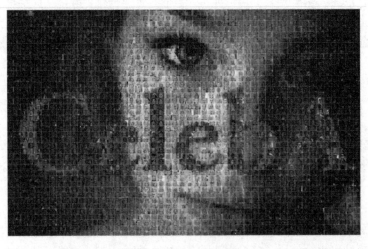

图 11-7　CelebA 数据集

（2）PubFig 数据集（见图 11-8）

这是哥伦比亚大学的公众人物脸部数据集，包含 200 个人的 5.8 万多张人脸图像，主要用于非限制场景下的人脸识别。

图 11-8　PubFig 数据集

（3）Colorferet 数据集

为促进人脸识别算法的研究和实用化，美国国防部的 Counterdrug Technology Transfer Program（CTTP）发起了一个人脸识别技术（Face Recognition Technology，FERET）工程，包括一个通用人脸库以及通用测试标准。到 1997 年，它已经包含了一千多人的一万多张照片，每个人包括了不同表情、光照、姿态和年龄的照片。

（4）MTFL 数据集（见图 11-9）

该数据集包含了将近 13000 张人脸图片，并且对所有照片的眼、鼻和嘴巴的位置进行了标注。

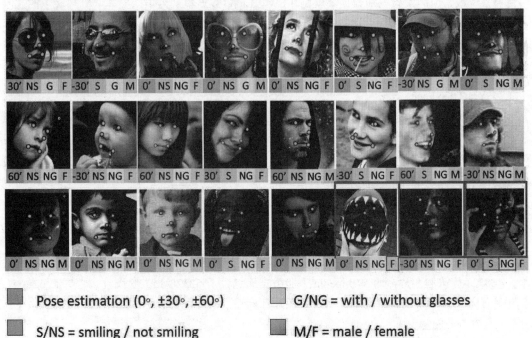

图 11-9　MTFL 数据集

（5）FaceDB 数据集（见图 11-10）

这个数据集包含了 1521 幅分辨率为 384×286 像素的灰度图像。每一幅图像来自于 23 个不同的测试人员的正面角度的人脸。为了便于进行比较，这个数据集也包含了对人脸图像对应的手工标注的人眼位置文件。图像以 BioID_xxxx.pgm 的格式命名，其中的 xxxx 代表当前图像的索引（从 0 开始）。类似地，形如 BioID_xxxx.eye 的文件包含了对应图像中眼睛的位置。

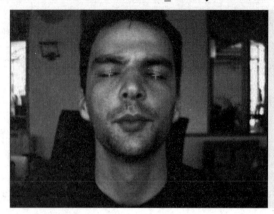

图 11-10　FaceDB 数据集

（6）LFW 数据集

目前来说最常用的人脸识别数据集就是 LFW。LFW 数据集是为了研究非限制环境下的人脸识别问题而建立的。这个数据集包含 13000 多张人脸图像，均采集于 Internet。每个人脸均被标注了一个人名。其中，大约有 1680 个人包含两个以上的人脸。这个数据集被广泛应用于评价人脸识别算法的性能。

（7）YouTube Faces 数据集

YouTube 提供了一份包含 3425 个短视频的视频数据集，其来自于 1595 个不同的真实人类影像。在这个数据集下，算法需要判断两段视频里是不是同一个人。有不少在照片上有效的方法，在视频上未必有效。

（8）CASIA-FaceV5 数据集

该数据集包含了来自 500 个人的 2500 张亚洲人脸图片，是由日本一所大学贡献的。

（9）IMDB-WIKI 数据集（见图 11-11）

IMDB-WIKI 人脸数据库是由 IMDB 数据库和 Wikipedia 数据库组成的，其中 IMDB 人脸数据库包含了 460723 张人脸图片，而 Wikipedia 人脸数据库包含了 62328 张人脸图片，总共有 523051 张人脸图片。IMDB-WIKI 人脸数据库中的每张图片都标注了人的年龄和性别，对于年龄识别和性别识别的研究有着重要的意义。

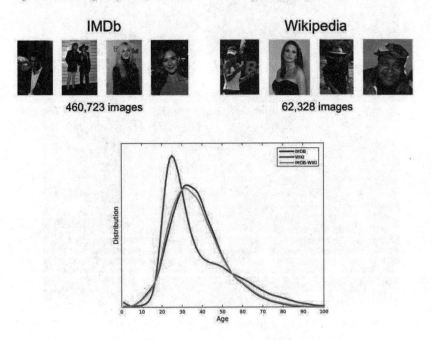

图 11-11　IMDB-WIKI 数据集

　　数据集的目的是增强模型的识别和泛化能力，能够帮助模型真正提取出能够起作用的特征，而不是为了满足数据集的需求而做出的"过拟合"。对于数据集的要求就是更可能地使其场景的多样性和样本分布均衡。

11.2.3　基于深度学习的人脸识别模型

　　下面探讨基于深度学习的人脸识别模型。在前面介绍的过程中，实际上读者应该很明确地了解到基于深度学习的人脸识别模型的作用就是对人脸特征进行提取。这里先讲一下最基本的深度学习模型。

1. 以分类思想建立的人脸识别模型

　　以分类思想建立的人脸识别模型实际上就是分类器，读者可以参考本书第 3 章对分类器模型的介绍。这里主要介绍一种基于分类模型的 Siamese Net work。

　　Siamese 在英语中指"孪生""连体"，这是一个外来词，来源于 19 世纪泰国出生的一对连体婴儿（见图 11-12）。

图 11-12　Siamese

　　简单来说，Siamese Network 就是"连体的神经网络"（神经网络的"连体"是通过"共享权重"来实现的），如图 11-13 所示。

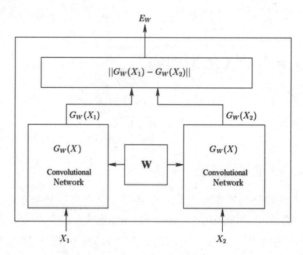

图 11-13　Siamese Network

　　所谓的共享权重，读者可以认为它们是同一个网络，实际上也就是同一个网络。因为它们的网络架构和模块完全相同，而权值是同一份权值，也就是重复使用了同一个深度学习网络。这里顺便说一下，如果网络结构如图 11-13 所示，网络的架构和模块完全相同，但是权值却不是同一份权值，那么这种网络被称为伪孪生神经网络（Pseudo-Siamese Network）。

孪生网络的作用是衡量两个输入的相似程度。孪生神经网络有两个输入（Input1 和 Input2），将两个输入馈送到两个神经网络（Network1 和 Network2）中，这两个神经网络分别将输入映射到新的空间，形成输入在新的空间中的表示。

对于 Siamese Network 来说，其中的网络的作用是进行特征提取（见图 11-14），只需要保证在这个架构中所使用的是同一个网络即可。具体的网络到底是什么，最简单的卷积神经网络模型 VGG16 或者最新的卷积神经网络模型 SENET 都是可以的。

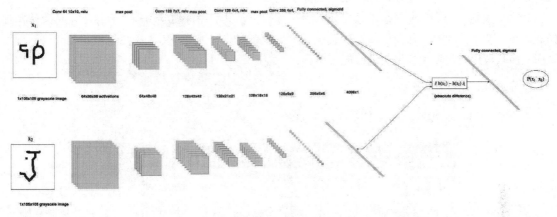

图 11-14　特征提取

最后的损失函数就是前面所介绍过的普通交叉熵函数，使用 L2 正则对其进行权重修正，使得网络能够学习更为平滑的权重，以提高泛化能力。

$$L(x_1, x_2, t) = t \cdot log(p(x_1 \circ x_2)) + (1 - t) \cdot log(1 - p(x_1 \circ x_2)) + \lambda \cdot ||w||_2$$

其中，$p(x_1 \circ x_2)$ 是两个输入样本经过 Siamese Network 输出的计算合并值（这里使用的点乘，实际上使用差值也可），而 t 则是标签值。

如果此时输入的是 3 个图片，那么整体模型可以被称为 Triplet Network（见图 11-15），同时也会诞生一个新的损失函数 Triplet Loss，如图 11-15 所示。

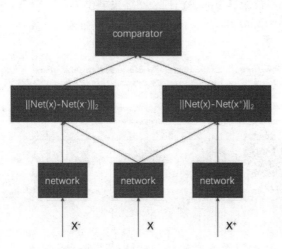

图 11-15　Triplet Network

2. 以特征提取思想建立的人脸识别模型

在前一节向读者介绍了基于 Siamese Network 实现的人脸识别模型，这是基于一个骨干网络所做的人脸识别模型，从测试上看这个模型可以较好地分辨出人脸主体，能确定是否为同一个。

然而这种模型有一个先天性的劣势，就是对于所有的人脸特征来说需要在模型中做一个"预训练"，也就是需要让模型将所有的人脸训练一遍。这种方法能够提高模型判别的准确度，不过带来的问题是这种模型对于做过预训练的人脸图像识别率较差。

为了解决这个问题，一种新的模型 face-net 被提出，其利用深度学习模型直接学习从原始图片到欧氏距离空间的映射，从而使得在欧式空间里的距离度量直接关联着人脸相似度。此外，一种新的损失函数被提出，使得模型的学习能力更强。

3. face-net 的模型架构

整体 face-net 的模型架构如图 11-16 所示。

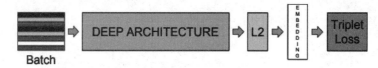

图 11-16　face-net 的模型架构

face-net 采用的网络架构可以描述为以下步骤：

（1）前面部分采用一个深度学习模型提取特征。

（2）模型之后接一个 L2 正则化，这样图像的所有特征会被映射到一个超球面上。

（3）接入一个 embedding 层（嵌入函数）。嵌入过程可以表达为一个函数，即把图像 x 通过函数 f 映射到 d 维（一般为 128 维，默认为人脸的 128 个特征点）欧式空间。

（4）使用新的损失函数 triplet_loss 对模型进行优化。

对于特征提取，从 face-net 的架构和 Siamese Network 中可以看出，实际上这一块是可以独立存在和使用的，因此可以选用较为熟悉的卷积神经网络模型模块。

下面介绍一下 L2 正则化的作用。从 L2 正则在空间分布来看，相同长度（例如均为 128）的向量分布如图 11-17 所示。

图 11-17　L2 正则

L2 分布是一个球面，那么将深度学习模型抽取的特征向量进行 L2 正则就是将向量均匀地分布在整个球面上,从而更好地对特征进行分类计算。

4. 替代 softmax 的 Triplet Loss 损失函数

Triplet Loss(三元组损失函数,见图 11-18)的作用是替代 softmax 对全连接层的结果进行计算。简单地说,Triplet Loss 就是针对三张输入的图片来计算损失。

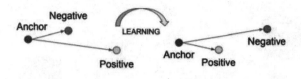

图 11-18　Triplet Loss

相对于二元输入的情况,三元输入在原本输入的基础上额外增加了一个输入内容,一般为与原输入不同的“类别(这里指不同的人)”。添加 Triplet Loss 的目的是使得类内特征间隔小(同一个人),而同时保持类间特征间隔大(不同的人)。

人脸识别中的 Triplet Loss 是一个使用三张图片的损失函数:一张锚点图像 A,一张正确的图像 P(和锚点图像中人物一样),以及一个不正确的图像 N(人物与锚点图像不同)。模型的目的是想让图像 A 与图像 P 的距离 d(A, P)小于等于图像 A 与图像 N 的距离 d(A, N)。换句话说,是想让有同一个人的照片间的距离接近,而有不同人的照片距离则远离对方。

转化成公式表述如下:

$$\|f(x^a) - f(x^p)\|_2^2 + \alpha < \|f(x^a) - f(x^n)\|_2^2, \forall (f(x^a), f(x^p), f(x^n)) \in \tau$$

其中,$\|*\|$为欧式距离;x 是输入的人脸图像数据的总称;x_a 和 x_p 是同一个主体不同的图像(Positive),而 x_n 是与 x_a 来自不同主体的图像(Negative);τ 是所有可能的三元组集合。

此时还有一个问题,深度学习模型具有非常好的拟合性,Triplet Loss 在计算时当对于来自同一个主体的图像分辨得非常好时(趋近于 0),会尽可能缩小来自不同主体的损失函数的计算值,这是由损失函数的定义所决定的。显然这不是模型的设计者想要的,因此加入一个 α 参数。其目的是让模型在对来自同一个主体的图像判定得非常接近时又保持来自不同主体之间的距离。

换句话说,α 是界定阈值,决定了类间距的最小值,如果它小于这个阈值,就意味着这两个图像是同一个人,否则便是两个不同的人。图 11-19 是不同 α 阈值的状况下的 Triplet Loss 结果示意图,可以看到随着 α 的变化,模型的分辨能力在增加,但是过大的 α 会造成数据分类的稀疏性,从而影响模型的整体性能。

使用 face-net 进行人脸识别实际上就是将 face-net 变成一个可以随时使用的人脸特征提取器,而不是像其他的深度学习模型一样的分类判别器。因此,face-net 最后的输出是一个 128 维的向量,而非“是与否”的判定答案。

对于最终生成的 128 维向量的使用,可以使用多种距离判定公式予以计算,最常用的就是欧式距离。

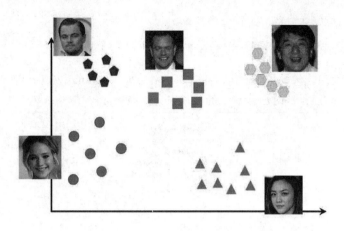

图 11-19　不同 α 阈值状况下的 Triplet Loss 结果示意图

11.3　人脸识别中的 softmax 激活函数

在深度学习分类模型中，最终的分类激活函数应该都是 softmax（见图 11-20）。前面章节介绍了深度学习中的全连接层、卷积层、长短期记忆网络，以及 ReLU 等一系列用于改变模型线性结构的激活函数。本章介绍了一个新的用于分类器的激活函数 Triplet Loss，其作用是替代 softmax 对计算结果进行划分，然而这并不代表 softmax 不适合在人脸识别领域中使用。本节将主要介绍 softmax 的基本概念和对其的改进。

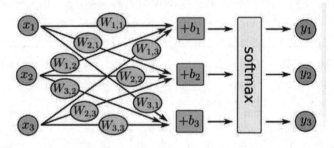

图 11-20　softmax 函数

11.3.1　softmax 基本原理详解

softmax 是用于分类过程、用来实现多分类的一种函数计算关系。简单来说，它把一些输出的神经元映射到 0~1 的实数，并且归一化保证和为 1，从而使得多分类的概率之和刚好为 1。

这是一种较为通俗的解释，当然也可以直接从这个名字入手去解释，相对于非黑即白的 0 或 1 概率结果。softmax 将概率结果分为 soft 和 max，max 也就是最大值。

举个例子，假设有两个变量 a 和 b。如果 $a>b$，则 max 为 a，反之为 b。在分类问题里面，如果只有 max，那么输出的分类结果只有 a 或者 b，是一个非黑即白的结果。在现实情况下，希望输出的是取到某个分类的概率，或者说希望分值大的那一项被经常取到，而分值较小的那一项也有一定的概率偶尔被取到，所以应用到 soft 的概念，即最后的输出是每个分类被取到的概率。

对于给定的测试数据 x，h_θ 是深度学习的预测模型，目标是一个 k 个类别的分类结果。这样针对每个输入数据 x 都会有一个类别 $j = h_\theta(x)$ 估算出概率值 $p(y = j|x)$。也就是说，如果想估算出每一个分类结果出现的概率，就需要将结果输出成一个 k 维的向量，默认为每个向量对应于一个结果，来表示这 k 个估计的概率值，此时设定的 h_θ 形式如下：

$$h_\theta(x^{(i)}) = \begin{bmatrix} p(y^{(i)}=1|x^{(i)};\theta) \\ p(y^{(i)}=2|x^{(i)};\theta) \\ \vdots \\ p(y^{(i)}=k|x^{(i)};\theta) \end{bmatrix} = \frac{1}{\sum_{j=1}^{k} e^{\theta^T x^{(i)}}} \begin{bmatrix} e^{\theta^T x^{(i)}} \\ e^{\theta^T x^{(i)}} \\ \vdots \\ e^{\theta^T x^{(i)}} \end{bmatrix}$$

其中，θ 是模型的参数。需要注意的是上述公式中最右边的一项，这样的归一化计算后使得某一项输入 x 的计算概率之和为 1。

下面就是 softmax 的概率计算公式：

$$p(y^{(i)} = j|x^{(i)};\theta) = \frac{e^{\theta_j^T x^{(i)}}}{\sum_{l=1}^{k} e^{\theta^T x^{(i)}}}$$

softmax 的具体实现在前面的章节中已经介绍过，这里不再过多阐述。

顺便提一下，可用在分类器中的激活函数除了 softmax 之外还有一个常用的 sigmoid，后者的公式如下：

$$s(x) = \frac{1}{1 + e^{-x}}$$

从公式上来看，softmax 和 sigmoid 相差并不大，但是其用法却有很大差异。softmax 计算的一个前提是将计算概率之和进行统计，确保概率和为 1。sigmoid 函数在计算时是按深度学习模型所提取的特征进行计算的，每个特征在输出时概率是独立的，因此 sigmoid 激活函数可用在多分类项目中，即一个输入可针对多个特征分类。在这点上，softmax 由于定义的先天性无法满足多分类的要求。

11.3.2　AMsoftmax 基本原理详解

softmax 对不同的类别有较好的判断，将不同的生成类别概率进行统一计算，这样可以较好地对经过深度学习模型计算的输入值进行分类。

然而 softmax 在正确分类输入数据的同时有一个缺陷，就是其对于大的类别分类较为准确，而对于大类别内的小细节分类效果较差。Triplet Loss 正是为了解决这个问题而存在的，对于深度学习模型的计算结果，其目的是增大不同类之间的距离而同时缩小同一类之间的范围。

在 softmax 基础上，AMsoftmax（见图 11-21）被提出，其作用是缩小类内距、增大类间距，将类的区间缩小到 Target region 范围，同时又会产生 margin 大小的类间距。

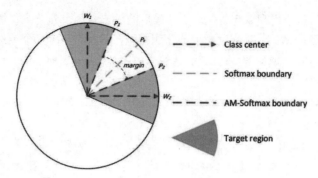

图 11-21　AMsoftmax

AMsoftmax 对应的公式为:

$$s(y_j) = \frac{e^{s*(L2(w_{y_j}^{\mathrm{T}})L2(x_j)-m)}}{e^{s*(L2(w_{y_j}^{\mathrm{T}})L2(x_j)-m)} - \sum_i^N e^{s*L2(w_{y_j}^{\mathrm{T}})L2(x_j)}} = \frac{e^{s*(cos\theta_{yj}-m)}}{e^{s*(cos\theta_{yj}-m)} - \sum_i^N e^{s*cos\theta_{yj}}}$$

其中的参数定义如下:

- $w_{y_j}^{T}$ 为定义的可训练参数。
- x_j 为模型训练后的计算结果。
- s 为缩放系数。
- m 为间隔阈值。
- L2() 为 L2 正则化计算函数。
- $cos\theta_{yj} = L2(w_{y_j}^{\mathrm{T}})L2(x_j)$ 为定义的参数 w 与 x 正则化后的乘积,也是其对应的余弦距离。

此时,AMsoftmax 中定义了不同类别之间的间隔至少为 m。此外,这个 m 是一个超参数(被人为定义数值不变的数),因此对于类别的划分,如果界限明确可以考虑增大 m,而对于类别不那么明确的结果可以考虑减少 m(以上增大和减少都是针对模型对数据的判定性能)。

s 为缩放参数,其目的是对计算的余弦值进行放大,如果此区间的余弦值过小,则无法提供有效的差异性,对其进行增大后可以提高分布的差异性。实现 AMsoftmax 的程序如下所示:

【程序 11-2】

```
import numpy as np

def l2_normalize(x,epsilon = 1e-12,axis = -1):
    output = x / np.sqrt(max(np.sum(x ** 2, axis=axis))) + epsilon
    return output

class AMsoftmax:
    def __init__(self,margin = 0.2,scale = 20):
        self.weight = np.random.random(size=(312,312))
        self.margin = margin
        self.scale = scale
```

```
def __call__(self,inputs):
    embedding = inputs

    weight_l2 = l2_normalize(self.weight)
    embedding_l2 = l2_normalize(embedding)
    dis_cosin = np.dot(embedding_l2,weight_l2.T)
    psi = dis_cosin - self.margin

    output = np.exp(self.scale * psi)/(np.exp(self.scale * psi) -
np.sum(np.exp(self.scale * dis_cosin),axis = -1,keepdims=True))
    return output
```

这里只实现了 AMsoftmax 的前馈计算，有兴趣的读者可以将其带入神经网络框架中计算。

11.3.3　softmax 的一些改进

在研究者对 softmax 继续研究的基础上，除了 AMsoftmax 之外，有更多新的 softmax 损失函数被提出，这里总结一些对 softmax 的改进，可参考表 11-1。

表 11-1　softmax的改进

名　称	损　失　函　数
softmax	$\dfrac{1}{N}\sum_i -log\dfrac{e^{w_{y_i}\cdot x_i}}{\sum_k e^{w_k\cdot x_i}}$
Lsoftmax	$\dfrac{1}{N}\sum_i -log\dfrac{e^{\|w_{y_i}\|\cdot\|x_i\|\cdot cos(m\cdot\theta_{y_i,i})}}{e^{\|w_{y_i}\|\cdot\|x_i\|\cdot cos(m\cdot\theta_{y_i,i})}+\sum_{k\neq y_i}e^{\|w_k\|\cdot\|x_i\|\cdot cos\theta_{k,i}}}$
AMsoftmax	$\dfrac{1}{N}\sum_i -log\dfrac{e^{s\cdot(cos(\theta_{y_i,i})-m)}}{e^{s\cdot(cos(\theta_{y_i,i})-m)}+\sum_{k\neq y_i}e^{cos\theta_{k,i}}}$
ArcFace	$\dfrac{1}{N}\sum_i -log\dfrac{e^{s\cdot cos(\theta_{y_i,i}+m)}}{e^{s\cdot cos(\theta_{y_i,i}+m)}+\sum_{k\neq y_i}e^{cos\theta_{k,i}}}$
AdaptiveFace	$L_{ad}=-\dfrac{1}{M}\sum_{j=1}^{M}log\dfrac{e^{s(cos(\theta_{y(j)_j})-m_{y(j)})}}{e^{s(cos(\theta_{y(j)_j})-m_{y(j)})}+\sum_{i=1,i\neq y(j)}^{N}e^{s\,cos(\theta_{ij})}}$

其中：

- LSoftmax 提出了角间距（Angular Margin）的概念，重新思考，引入余弦角，认为各类之间的夹角需要有一个间距。
- AMsoftmax 将角度上的倍数关系改为余弦值的比较。
- Arcface 将间距由余弦值改为角度值的比较（与 AMsoftmax 相比较，两者 m 前面的符号是不同的）。

11.4 本章小结

人脸识别技术已经发展成为一门以计算机视觉数字信息处理为中心，糅合信息安全学、语言学、神经学、物理学、人工智能等多学科的综合性技术学科，内涵已极为丰富，并且发展快速。

在本章中为大家讲解的只是人脸识别最基础和通俗的原理以及相对单一的用例分析，显然无法涵盖人脸识别领域的所有内容，希望能对大家理解、认识人脸识别功能有所帮助。

此外，在本章还介绍了 Triplet Loss 和 softmax 的基本原理与应用，以及选择 Triple Loss 的原因，并重新拆解了 softmax 的公式和研究者对其的改进和认识，实现了 AMsoftmax 激活函数，以供读者学习。

第12章

梅西-阿根廷+意大利=？
——有趣的词嵌入向量

词嵌入向量（Word Embedding）是什么？为什么要进行词嵌入？在深入了解前，先看几个例子：

- 在购买商品或者入住酒店后，会邀请顾客填写相关的评价来表明对服务的满意程度。
- 使用几个词在搜索引擎上搜一下。
- 有些博客网站会在博客下面标记一些相关的标签（Tag）。

实际上这是文本处理后的应用，目的是用这些文本去进行情绪分析、同义词聚类、文章分类和打标签。

大家在读文章或者评论的时候可以准确地说出这篇文章大致讲了什么、评论的倾向如何，但是电脑怎么做到的呢？电脑可以匹配字符串，然后告诉我们是否与输入的字符串相同，但是怎么能让电脑在我们搜索"梅西"的时候告诉我们有关足球或者皮耶罗的事情？

词嵌入向量由此诞生，它就是对文本的数字表示。通过其表示和计算可以使电脑得到如下的公式：

梅西-阿根廷+意大利=皮耶罗

本章将着重介绍词嵌入向量的相关内容，首先通过多种计算词嵌入向量的方式循序渐进地讲解如何获取对应的词嵌入向量，之后的实战使用词嵌入向量进行文档分类。

此外，本章将以实战为主，特别注重代码的编写和程序的运行，可能会用到部分 TensorFlow 的内容，目的也是为了帮助读者更好地理解深度学习实战。如果对代码部分阅读有困难，可以直接跳过去。

12.1 文本数据处理

无论是使用深度学习还是传统的自然语言处理方式，一个非常重要的内容就是将自然语言转换成计算机可以识别的特征向量。文本的预处理就是如此，通过“文本分词-词向量训练-特征词抽取”这几个主要步骤后，组建能够代表文本内容的矩阵向量。

12.1.1 数据集和数据清洗

新闻分类数据集“AG”是由学术社区 ComeToMyHead 提供的，是从 2000 多不同的新闻来源搜集的超过一百万的新闻文章，用于研究分类、聚类、信息获取（排名、搜索）等非商业活动。在此基础上，Xiang Zhang 为了研究需要从中提取了 127600 个样本，其中的 120000 个样本作为训练集、7600 个样本作为测试集。按以下 4 类进行分类：

- World（世界）
- Sports（体育）
- Business（商业）
- Sci/Tec（科技）

数据集一般是用 CSV 格式的文件存储的，打开后格式如图 12-1 所示。

3	Wall St. Bears Claw Back Into the Black (Reuters)	Reuters - Short-sellers, Wall Street's dwindling\band of ultra-cynics, are seeing green again.
3	Carlyle Looks Toward Commercial Aerospace (Reuters)	Reuters - Private investment firm Carlyle Group,\which has a reputation for making well-timed and occasionally\controversial play
3	Oil and Economy Cloud Stocks' Outlook (Reuters)	Reuters - Soaring crude prices plus worries\about the economy and the outlook for earnings are expected to\hang over the stock ma
3	Iraq Halts Oil Exports from Main Southern Pipeline (	Reuters - Authorities have halted oil export\flows from the main pipeline in southern Iraq after\intelligence showed a rebel mili
3	Oil prices soar to all-time record, posing new menac	AFP - Tearaway world oil prices, toppling records and straining wallets, present a new economic menace barely three months before
3	Stocks End Up, But Near Year Lows (Reuters)	Reuters - Stocks ended slightly higher on Friday\but stayed near lows for the year as oil prices surged past #36;46\a barrel, of
3	Money Funds Fell in Latest Week (AP)	AP - Assets of the nation's retail money market mutual funds fell by #36;1.17 billion in the latest week to #36;849.98 trillion
3	Fed minutes show dissent over inflation (USATODAY.co	USATODAY.com - Retail sales bounced back a bit in July, and new claims for jobless benefits fell last week, the government said T
3	Safety Net (Forbes.com)	Forbes.com - After earning a PH.D. in Sociology, Danny Bazil Riley started to work as the general manager at a commercial real es
3	Wall St. Bears Claw Back Into the Black	NEW YORK (Reuters) - Short-sellers, Wall Street's dwindling band of ultra-cynics, are seeing green again.
3	Oil and Economy Cloud Stocks' Outlook	NEW YORK (Reuters) - Soaring crude prices plus worries about the economy and the outlook for earnings are expected to hang ove
3	No Need for OPEC to Pump More-Iran Gov	TEHRAN (Reuters) - OPEC can do nothing to douse scorching oil prices when markets are already oversupplied by 2.8 million barr
3	Non-OPEC Nations Should Up Output-Purnomo	JAKARTA (Reuters) - Non-OPEC oil exporters should consider increasing output to cool record crude prices, OPEC President Purno
3	Google IPO Auction Off to Rocky Start	WASHINGTON/NEW YORK (Reuters) - The auction for Google Inc.'s highly anticipated initial public offering got off to a rocky st
3	Dollar Falls Broadly on Record Trade Gap	NEW YORK (Reuters) - The dollar tumbled broadly on Friday after data showing a record U.S. trade deficit in June cast fresh do
3	Rescuing an Old Saver	If you think you may need to help your elderly relatives with their finances, don't be shy about having the money talk -- soon.
3	Kids Rule for Back-to-School	The purchasing power of kids is a big part of why the back-to-school season has become such a huge marketing phenomenon.
3	In a Down Market, Head Toward Value Funds	There is little cause for celebration in the stock market these days, but investors in value-focused mutual funds have reason to
3	US trade deficit swells in June	The US trade deficit has exploded 19 to a record \$55.8bn as oil costs drove imports higher, according to a latest figures.
3	Shell 'could be target for Total'	Oil giant Shell could be bracing itself for a takeover attempt, possibly from French rival Total, a press report claims.
3	Google IPO faces Playboy slip-up	The bidding gets underway for Google's public offering, despite last-minute worries over an interview with its bosses in Playboy
3	Eurozone economy keeps growing	Official figures show the 12-nation eurozone economy continues to grow, but there are warnings it may slow down later in the year
3	Expansion slows in Japan	Economic growth in Japan slows down as the country experiences a drop in domestic and corporate spending.
3	Rand falls on shock SA rate cut	Interest rates are trimmed to 7.5 by the South African central bank, but the lack of warning hits the rand and surprises markets
3	Car prices down across the board	The cost of buying both new and second hand cars fell sharply over the past five years, a new survey has found.
3	South Korea lowers interest rates	South Korea's central bank cuts interest rates by a quarter percentage point to 3.5 in a bid to drive growth in the economy.
3	Google auction begins on Friday	An auction of shares in Google, the web search engine which could be floated for as much as \$36bn, takes place on Friday.

图 12-1 Ag_news 数据集

第 1 列是新闻分类，第 2 列是新闻标题，第 3 列是新闻的正文部分，使用“,”和“.”作为断句的符号。

由于拿到的数据集是由社区自动化存储和收集的，因此无可避免地存有大量的数据杂质：

```
Reuters - Was absenteeism a little high\on Tuesday among the guys at the office?
EA Sports would like\to think it was because "Madden NFL 2005" came out that day,\and
some fans of the football simulation are rabid enough to\take a sick day to play
it.
Reuters - A group of technology companies\including Texas Instruments Inc. (TXN.N),
STMicroelectronics\(STM.PA) and Broadcom Corp. (BRCM.O), on Thursday said they\will
propose a new wireless networking standard up to 10 times\the speed of the current
```

generation.

（1）数据的读取与存储

数据集的存储格式为 CSV，需要按列队数据进行读取，代码如下：

【程序 12-1】

```
import csv
agnews_train = csv.reader(open("./dataset/train.csv","r"))
for line in agnews_train:
    print(line)
```

输入结果如图 12-2 所示。

```
['2', 'Sharapova wins in fine style', 'Maria Sharapova and Amelie Mauresmo opened their challenges at the WTA Champ
['2', 'Leeds deny Sainsbury deal extension', 'Leeds chairman Gerald Krasner has laughed off suggestions that he has
['2', 'Rangers ride wave of optimism', 'IT IS doubtful whether Alex McLeish had much time eight weeks ago to dwell
['2', 'Washington-Bound Expos Hire Ticket Agency', 'WASHINGTON Nov 12, 2004 - The Expos cleared another logistical
['2', 'NHL #39;s losses not as bad as they say: Forbes mag', 'NEW YORK - Forbes magazine says the NHL #39;s financia
['1', 'Resistance Rages to Lift Pressure Off Fallujah', 'BAGHDAD, November 12 (IslamOnline.net  amp; News Agencies)
```

图 12-2　Ag_news 中的数据形式

读取的 train 文件中的每行数据内容被默认以逗号分隔，按列依次存储在序列不同的位置中。为了分类方便，可以使用不同的数组将数据按类别进行存储。当然，也可以根据需要使用 pandas。为了后续操作和运算速度，这里主要使用 Python 原生函数和 NumPy 进行计算。

【程序 12-2】

```
import csv
agnews_label = []
agnews_title = []
agnews_text = []
agnews_train = csv.reader(open("./dataset/train.csv","r"))
for line in agnews_train:
    agnews_label.append(line[0])
    agnews_title.append(line[1].lower())
    agnews_text.append(line[2].lower())
```

可以看到不同的内容被存储在不同的数组之中，并且为了统一形式便于后续的计算，将所有的字母都转换成小写。

（2）文本的清洗

文本中除了常用的标点符号外，还包含着大量的特殊字符，因此需要对文本进行清洗。

文本清洗的方法一般使用正则表达式，可以匹配小写字母'a'至'z'、大写字母'A'至'Z'或者数字'0'到'9'的范围之外的所有字符，并用空格代替，这个方法无须指定所有标点符号，代码如下：

```
import re
text = re.sub(r"[^a-z0-9]"," ",text)
```

这里 re 是 Python 中对应正则表达式的 Python 包，字符串开始的"^"字符的含义是"排除"，即只保留要求的字符而替换非要求保留的字符。通过更细一步的分析可以知道，文本清洗中除了将不需要的符号使用空格替换外，还产生了一个问题，即空格数目过多和在文本的首尾有空格残留，这样同样影响文本的读取，因此还需要对替换符号后的文本进行二次处理。

【程序 12-3】

```
import re
def text_clear(text):
    text = text.lower()                      #将文本转化成小写字母
    text = re.sub(r"[^a-z0-9]"," ",text)     #替换非标准字符，^是"排除"操作
    text = re.sub(r" +", " ", text)          #替换多重空格
    text = text.strip()                      #去除首尾空格
text = text.split(" ")                       #对句子按空格分隔
    return text
```

由于加载了新的数据清洗工具，因此在读取数据时可以使用自定义的函数将文本信息处理后存储，代码如下：

【程序 12-4】

```
import csv
import tools
import numpy as np
agnews_label = []
agnews_title = []
agnews_text = []
agnews_train = csv.reader(open("./dataset/train.csv","r"))
for line in agnews_train:
    agnews_label.append(np.float32(line[0]))
    agnews_title.append(tools.text_clear(line[1]))
    agnews_text.append(tools.text_clear(line[2]))
```

这里使用了额外的包和 NumPy 函数对数据处理，因此可以获得处理后较为干净的数据，如图 12-3 所示。

```
pilots union at united makes pension deal
quot us economy growth to slow down next year quot
microsoft moves against spyware with giant acquisition
aussies pile on runs
manning ready to face ravens 39 aggressive defense
gambhir dravid hit tons as india score 334 for two night lead
croatians vote in presidential elections mesic expected to win second term afp
nba wrap heat tame bobcats to extend winning streak
historic turkey eu deal welcomed
```

图 12-3 清理后的 Ag_news 数据

12.1.2 停用词的使用

观察分好词的文本集，每组文本中除了能够表达含义的名词和动词外，还有大量没有意义的副词，例如'is ' 'are ' ' the '等。这些词的存在并不会给句子增加太多含义，反而会由于频率非常多而影

响后续的词向量分析。为了减少要处理的词汇量、降低后续程序的复杂度，需要清除停用词。清除停用词一般用的是 NLTK 工具包，安装代码如下：

```
conda install nltk
```

除了安装 NLTK 外，还有一个非常重要的内容——仅仅依靠安装 NLTK 并不能使用停用词，需要额外下载 NLTK 停用词包，建议通过控制端进入 NLTK，之后运行如图 12-4 所示的代码，打开 NLTK 的控制台（见图 12-5）。

图 12-4　安装 NLTK 并打开控制台

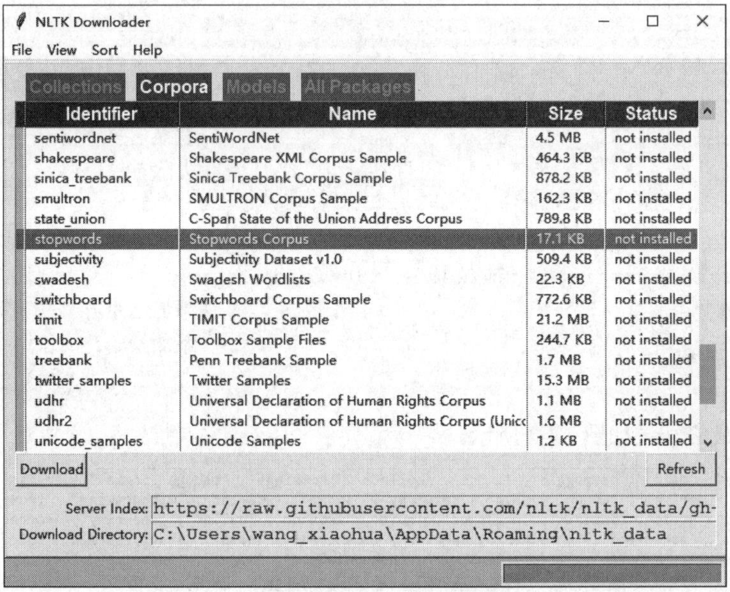

图 12-5　NLTK 控制台

在 Corpora 选项卡下选择 stopwords，单击 Download 按钮下载数据。下载后的验证方法如下：

```
stoplist = stopwords.words('english')
print(stoplist)
```

stoplist 将停用词加载到一个数组列表中，打印结果如图 12-6 所示。

```
['i', 'me', 'my', 'myself', 'we', 'our', 'ours', 'ourselves', 'you', "you're", "you've", "you'll", "you'd", 'your', 'yours',
'yourself', 'yourselves', 'he', 'him', 'his', 'himself', 'she', "she's", 'her', 'hers', 'herself', 'it', "it's", 'its', 'itself', 'they',
'them', 'their', 'theirs', 'themselves', 'what', 'which', 'who', 'whom', 'this', 'that', "that'll", 'these', 'those', 'am',
'is', 'are', 'was', 'were', 'be', 'been', 'being', 'have', 'has', 'had', 'having', 'do', 'does', 'did', 'doing', 'a', 'an', 'the',
'and', 'but', 'if', 'or', 'because', 'as', 'until', 'while', 'of', 'at', 'by', 'for', 'with', 'about', 'against', 'between', 'into',
'through', 'during', 'before', 'after', 'above', 'below', 'to', 'from', 'up', 'down', 'in', 'out', 'on', 'off', 'over', 'under',
'again', 'further', 'then', 'once', 'here', 'there', 'when', 'where', 'why', 'how', 'all', 'any', 'both', 'each', 'few',
'more', 'most', 'other', 'some', 'such', 'no', 'nor', 'not', 'only', 'own', 'same', 'so', 'than', 'too', 'very', 's', 't', 'can',
'will', 'just', 'don', "don't", 'should', "should've", 'now', 'd', 'll', 'm', 'o', 're', 've', 'y', 'ain', 'aren', "aren't", 'couldn',
"couldn't", 'didn', "didn't", 'doesn', "doesn't", 'hadn', "hadn't", 'hasn', "hasn't", 'haven', "haven't", 'isn', "isn't",
'ma', 'mightn', "mightn't", 'mustn', "mustn't", 'needn', "needn't", 'shan', "shan't", 'shouldn', "shouldn't",
'wasn', "wasn't", 'weren', "weren't", 'won', "won't", 'wouldn', "wouldn't"]
```

图 12-6　停用词数据

下面将停用词数据加载到文本清洁器中。除此之外，由于英文文本的特殊性，单词会具有不同的变化和变形，例如，后缀'ing'和'ed'可以丢弃、'ies'可以用'y'替换等。这样可能会变成不是完整词的词干，只要将这个词的所有形式都还原成同一个词干即可。NLTK 中对这部分词根进行还原的处理函数为：

```
PorterStemmer().stem(word)
```

整体代码如下：

```
def text_clear(text):
    text = text.lower()                                           #将文本转化成小写字母
    text = re.sub(r"[^a-z0-9]"," ",text)                          #替换非标准字符，^是"排除"操作
    text = re.sub(r" +", " ", text)                               #替换多重空格
    text = text.strip()                                           #去除首尾空格
    text = text.split(" ")
    text = [word for word in text if word not in stoplist]        #去除停用词
    text = [PorterStemmer().stem(word) for word in text]          #还原词干部分
    text.append("eos")                                            #添加结束符
    text = ["bos"] + text                                         #添加开始符
return text
```

这样生成的最终结果如图 12-7 所示。

```
['baghdad', 'reuters', 'daily', 'struggle', 'dodge', 'bullets', 'bombings', 'enough', 'many', 'iraqis', 'face', 'freezing'
['abuja', 'reuters', 'african', 'union', 'said', 'saturday', 'sudan', 'started', 'withdrawing', 'troops', 'darfur', 'ahead'
['beirut', 'reuters', 'syria', 'intense', 'pressure', 'quit', 'lebanon', 'pulled', 'security', 'forces', 'three', 'key', '
['karachi', 'reuters', 'pakistani', 'president', 'pervez', 'musharraf', 'said', 'stay', 'army', 'chief', 'reneging', 'pled
['red', 'sox', 'general', 'manager', 'theo', 'epstein', 'acknowledged', 'edgar', 'renteria', 'luxury', '2005', 'red', 'sox
['miami', 'dolphins', 'put', 'courtship', 'lsu', 'coach', 'nick', 'saban', 'hold', 'comply', 'nfl', 'hiring', 'policy', 'i
```

图 12-7　生成的数据

相对于未处理过的文本，获取的是一个相对干净的文本数据。下面对文本的清洁处理步骤做个总结：

- **Tokenization**: 将句子进行拆分，以单个词或者字符的形式予以存储。在文本清洁函数中，text.split 函数执行的就是这个操作。
- **Normalization**: 将词语正则化，lower 函数和 PorterStemmer 函数负责此方面的工作，将词语转为小写字母和还原词干。
- **Rare word replacement**: 对于稀有词（非常用），将其进行替换，一般将词频小于 5 的词

替换成一个特殊的 Token <UNK>。Rare Word 如同噪声，故此法用于降噪并减少字典的大小。本书由于训练集和测试集中的词法较为常用，故而没有使用这个步骤。

- **Add <BOS> <EOS>**：添加每个句子的开始和结束标识符。
- **Long Sentence Cut-Off or short Sentence Padding**：对过长的句子进行截取，对过短的句子进行补全。

由于模型的需要，笔者在处理的时候并没有完整地使用以上各个方面。在不同的项目中，读者可以根据具体情况酌情使用。

12.1.3　词向量训练模型 word2vec 的使用

word2vec（见图 12-8）是谷歌在 2013 年推出的一个自然语言处理（NLP）工具，特点是将所有的词向量化，这样词与词之间就可以定量地去度量它们的关系，挖掘词之间的联系。

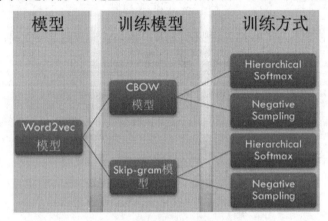

图 12-8　word2vec 模型

用词向量来表示词并不是 word2vec 的首创，在很久之前就出现了。最早的词向量是很冗长的，维度大小为整个词汇表的大小，对于每个具体的词汇表中的词，将对应的位置设置为 1。例如，由 5 个词组成的词汇表，词"Queen"的序号为 2，那么它的词向量就是(0,1,0,0,0)(0,1,0,0,0)。同理，词"Woman"的词向量就是(0,0,0,1,0)(0,0,0,1,0)。这种词向量的编码方式一般被称为 1-of-N representation 或者独热编码（One Hot）。

用独热编码来表示词向量非常简单，但是有很多问题，最大的问题是词汇表一般都非常大，比如达到百万级别，这样每个词都用百万维的向量来表示基本是不可能的。这样的向量除了一个位置是 1、其余的位置全部都是 0 外，表达的效率不高。将其使用在卷积神经网络中会使网络难以收敛。

word2vec 是一种可以解决独热编码的方法，思路是通过训练将每个词都映射到一个较短的词向量上。所有的这些词向量就构成了向量空间，进而可以用普通的统计学的方法来研究词与词之间的关系。

1. word2vec 的具体训练方法

word2vec 的具体训练方法主要有 2 个部分：CBOW 和 Skip-gram 模型。

（1）CBOW 模型：又称连续词袋模型，是一个三层神经网络。该模型的特点是输入已知上下文，输出对当前单词的预测，如图 12-9 所示。

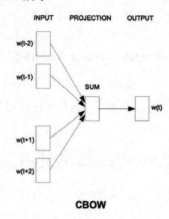

图 12-9　CBOW 模型

（2）Skip-gram 模型：与 CBOW 模型正好相反，由当前词预测上下文词，如图 12-10 所示。

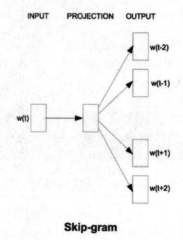

图 12-10　Skip-gram 模型

对于 word2vec 更为细节的训练模型和训练方式，这里不做讨论。下面将主要介绍训练一个可以获得和使用的 word2vec 向量。

2. 使用 gensim 包对数据进行训练

词向量的模型训练有很多方法，最为简单的是使用 Python 工具包中的 gensim 包对数据进行训练。

（1）训练 word2vec 模型

第一步是对词模型进行训练。代码非常简单：

```
from gensim.models import word2vec        #导入 gensim 包
#设置训练参数
model = word2vec.Word2Vec(agnews_text,size=64, min_count = 0,window = 5)
```

```
model_name = "corpusWord2Vec.bin"          #模型存储名
model.save(model_name)                      #将训练好的模型存储
```

首先在代码中导入 gensim 包，之后用 Word2Vec 函数根据设定的参数对 word2vce 模型进行训练。这里略微解释一下主要参数：

```
Word2Vec(sentences, workers=num_workers, size=num_features, min_count =
min_word_count, window = context, sample = downsampling, iter = 5)
```

其中，sentences 是输入数据，worker 是并行运行的线程数，size 是词向量的维数，min_count 是最小的词频，window 是上下文窗口的大小，sample 是对频繁词汇进行采样的设置，iter 是循环的次数。一般没有特殊要求就按默认值设置。

save 函数是将生成的模型进行存储，以供后续使用。

（2）word2vec 模型的使用

模型的使用非常简单，代码如下：

```
text = "Prediction Unit Helps Forecast Wildfires"
text = tools.text_clear(text)
print(model[text].shape)
```

其中，text 是需要转换的文本，同样调用 text_clear 函数对文本进行清理。之后使用已训练好的模型对文本进行转换。转换后的文本内容如下：

```
['bos', 'predict', 'unit', 'help', 'forecast', 'wildfir', 'eos']
```

计算后的 word2vec 文本向量实际上是一个[7,64]大小的矩阵，部分数据如图 12-11 所示。

```
[[-2.30043262e-01  9.95051086e-01 -5.99774718e-01 -2.18779755e+00
  -2.42732501e+00  1.42853677e+00  4.19419765e-01  1.01147270e+00
   3.12305957e-01  9.40802813e-01 -1.26786101e+00  1.90110123e+00
  -1.00584543e+00  5.89528739e-01  6.55723274e-01 -1.54996490e+00
  -1.46146846e+00 -6.19645091e-03  1.97032082e+00  1.67241061e+00
   1.04563618e+00  3.28550845e-01  6.12566888e-01  1.49095607e+00
   7.72413433e-01 -8.21017563e-01 -1.71305871e+00  1.74249041e+00
   6.58117175e-01 -2.38789499e-01 -1.29177213e-01  1.35001493e+00
```

图 12-11　word2vec 文本向量

（3）对已有模型进行补充训练

模型训练完毕后，可以将其存储。随着要训练文档的增加，gensim 提供了持续性训练模型的方法，代码如下：

```
from gensim.models import word2vec                          #导入 gensim 包
model = word2vec.Word2Vec.load('./corpusWord2Vec.bin')      #载入存储的模型
#继续模型训练
model.train(agnews_title,epochs=model.epochs,total_examples=model.corpus_count)
```

word2vec 提供了加载存储模型的函数。之后 train 函数继续对模型进行训练，在最初的训练集中 agnews_text 作为初始的训练文档，而 agnews_title 是后续训练部分，这样可以合在一起作为更多的训练文件进行训练。完整代码如下：

【程序 12-5】

```
import csv
import tools
import numpy as np
agnews_label = []
agnews_title = []
agnews_text = []
agnews_train = csv.reader(open("./dataset/train.csv","r"))
for line in agnews_train:
    agnews_label.append(np.float32(line[0]))
    agnews_title.append(tools.text_clear(line[1]))
    agnews_text.append(tools.text_clear(line[2]))

print("开始训练模型")
from gensim.models import word2vec
model = word2vec.Word2Vec(agnews_text,size=64, min_count = 0,window = 5,iter=128)
model_name = "corpusWord2Vec.bin"
model.save(model_name)
from gensim.models import word2vec
model = word2vec.Word2Vec.load('./corpusWord2Vec.bin')
model.train(agnews_title, epochs=model.epochs,
total_examples=model.corpus_count)
```

对于需要训练的数据集和需要测试的数据集,一般建议读者在使用的时候一起训练,这样才能够获得最好的语义标注。在现实工程中,对数据的训练往往都有很大的训练样本,文本容量能够达到几十甚至上百吉字节,不会产生词语缺失的问题,所以只需要在训练集上对文本进行训练即可。

12.1.4 文档主题的提取:基于 TF-IDF

TF-IDF 在前面已经有所介绍,这里主要对其进行复习和实现。

一般来说,文档主题的提取主要涉及以下两种:

- 基于 TF-IDF 的文档关键字提取。
- 基于 TextRank 的文档关键词提取。

除此之外,还有很多模型和方法能够用于文本抽取,特别是对于大文档的内容。本书由于篇幅关系并不展开这方面的内容,有兴趣的读者可以参考相关资料。本小节先介绍基于 TF-IDF 的文档关键字提取,下一小节再介绍基于 TextRank 的文档关键词提取。

(1)TF-IDF 简介

目标文档经过文本清洗和停用词的去除后,一般可以认为剩下的均为有着目标含义的词。如果需要对其特征进行更进一步的提取,那么提取的应该是那些能代表文章的元素,包括词、短语、句子、标点以及其他信息的词。从词的角度考虑,需要提取对文章表达贡献度大的词。TF-IDF 的公式定义如图 12-12 所示。

TFIDF

For a term *i* in document *j*:

$$w_{i,j} = tf_{i,j} \times \log\left(\frac{N}{df_i}\right)$$

tf_{ij} = number of occurrences of *i* in *j*
df_i = number of documents containing *i*
N = total number of documents

图 12-12　TF-IDF 简介

TF-IDF 是一种用于信息检索与勘测的常用加权技术。TF-IDF 是一种统计方法，用来衡量一个词对一个文档集的重要程度。字词的重要性与其在文档中出现的次数成正比，而与其在文档集中出现的次数成反比。该算法在数据挖掘、文本处理和信息检索等领域得到了广泛的应用，最为常见的应用是从一个文章中提取文章的关键词。

TFIDF 的主要思想是：如果某个词或短语在一篇文章中出现的频率 TF（Term Frequency）高，并且在其他文章中很少出现，则认为此词或者短语具有很好的类别区分能力，适合用来分类。其中，TF 表示词条在文档 Document 中出现的频率。

$$词频（TF） = \frac{某个词在单个文档中出现的次数}{某个词在整个语料库中出现的次数}$$

IDF（Inverse Document Frequency）的主要思想是包含某个词的文档越少，这个词的区分度就越大，也就是 IDF 越大。

$$逆文档频率（IDF） = \log\left(\frac{语料库的文档总数}{语料库中包含该词的文档数 + 1}\right)$$

TF-IDF 的计算实际上就是 TF×IDF。

$$TF - IDF = 词频 \times 逆文档频率 = TF \times IDF$$

（2）TF-IDF 的实现

首先是 IDF 的计算，代码如下：

```
import math
def idf(corpus):    # corpus 为输入的全部语料文档库中的文档
    idfs = {}
    d = 0.0
    # 统计词出现的次数
    for doc in corpus:
        d += 1
        counted = []
        for word in doc:
            if not word in counted:
```

```
            counted.append(word)
            if word in idfs:
                idfs[word] += 1
            else:
                idfs[word] = 1
    # 计算每个词的逆文档值
    for word in idfs:
        idfs[word] = math.log(d/float(idfs[word]))
    return idfs
```

下一步是使用计算好的 IDF 计算每个文档的 TF-IDF 值：

```
idfs = idf(agnews_text)                      #获取计算好的文档中每个词的 idf 词频
for text in agnews_text:                      #获取文档集中的每个文档
    word_tfidf = {}
    for word in text:                          #依次获取每个文档中的每个词
        if word in word_tfidf:                  #计算每个词的词频
            word_tfidf[word] += 1
        else:
            word_tfidf[word] = 1
    for word in word_tfidf:
        word_tfidf[word] *= idfs[word]          #计算每个词的 TF-IDF 值
```

计算 TF-IDF 的完整代码如下：

【程序 12-6】

```
import math
def idf(corpus):
    idfs = {}
    d = 0.0
    # 统计词出现的次数
    for doc in corpus:
        d += 1
        counted = []
        for word in doc:
            if not word in counted:
                counted.append(word)
                if word in idfs:
                    idfs[word] += 1
                else:
                    idfs[word] = 1
    # 计算每个词的逆文档值
    for word in idfs:
        idfs[word] = math.log(d/float(idfs[word]))
    return idfs
#获取计算好的文档中每个词的 idf 词频
#其中 agnews_text 是经过处理后的语料库文档，在数据清洗一节中有详细介绍
```

```
idfs = idf(agnews_text)
for text in agnews_text:              #获取文档集中的每个文档
  word_tfidf = {}
  for word in text:                   #依次获取每个文档中的每个词
    if word in word_idf:              #计算每个词的词频
        word_tfidf[word] += 1
    else:
        word_tfidf[word] = 1
  for word in word_tfidf:
    word_tfidf[word] *= idfs[word]    # word_tfidf 为计算后的每个词的 TF-IDF 值

  #按 value 排序
  values_list = sorted(word_tfidf.items(), key=lambda item: item[1], reverse=True)
  values_list = [value[0] for value in values_list]    #生成排序后的单个文档
```

（3）建立词矩阵

将重排的文档根据训练好的 word2vec 向量建立一个有限量的词矩阵，请读者自行完成。

（4）将 TF-IDF 单独定义为一个类

将 TF-IDF 的计算函数单独整合到一个类中，以便后续使用，代码如下：

【程序 12-7】

```
class TFIDF_score:
    def __init__(self,corpus,model = None):
        self.corpus = corpus
        self.model = model
        self.idfs = self.__idf()

    def __idf(self):
        idfs = {}
        d = 0.0
        # 统计词出现的次数
        for doc in self.corpus:
            d += 1
            counted = []
            for word in doc:
                if not word in counted:
                    counted.append(word)
                    if word in idfs:
                        idfs[word] += 1
                    else:
                        idfs[word] = 1
        # 计算每个词的逆文档值
        for word in idfs:
            idfs[word] = math.log(d / float(idfs[word]))
        return idfs

    def __get_TFIDF_score(self, text):
```

```
    word_tfidf = {}
    for word in text:                      # 依次获取每个文档中的每个词
        if word in word_tfidf:             # 计算每个词的词频
            word_tfidf[word] += 1
        else:
            word_tfidf[word] = 1
    for word in word_tfidf:
        word_tfidf[word] *= self.idfs[word]   # 计算每个词的 TF-IDF 值
    values_list = sorted(word_tfidf.items(), key=lambda word_tfidf:
word_tfidf[1], reverse=True)   #将 TF-IDF 数据按重要程度从大到小排序
    return values_list

  def get_TFIDF_result(self,text):
    values_list = self.__get_TFIDF_score(text)
    value_list = []
    for value in values_list:
        value_list.append(value[0])
    return (value_list)
```

使用方法如下：

```
tfidf = TFIDF_score(agnews_text)              #agnews_text 为获取的数据集
for line in agnews_text:
value_list = tfidf.get_TFIDF_result(line)
print(value_list)
print(model[value_list])
```

其中，agnews_text 为从文档中获取的正文数据集，可以使用标题或者文档进行处理。

12.1.5 文档主题的提取：基于 TextRank（选学）

TextRank 算法的核心思想来源自著名的网页排名算法 PageRank（见图 12-13）。PageRank 是 Sergey Brin 与 Larry Page 于 1998 年在 WWW7 会议上提出来的，用来解决链接分析中网页排名的问题。在衡量一个网页的排名时，可以根据感觉认为：

- 当一个网页被更多网页所链接时，其排名会越靠前。
- 排名高的网页应具有更大的表决权，即当一个网页被排名高的网页所链接时，其重要性也应提高。

图 12-13   PageRank 算法

TextRank 算法（见图 12-14）与 PageRank 类似，其将文本拆分成最小组成单元（即词汇），作为网络节点，组成词汇网络图模型。TextRank 在迭代计算词汇权重时与 PageRank 一样，理论上是需要计算边权的。为了简化计算，通常会默认相同的初始权重，以及在分配相邻词汇权重时进行均分。

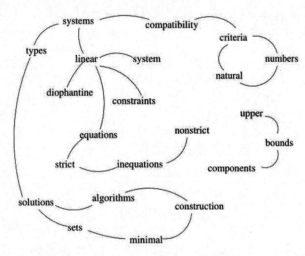

图 12-14　TextRank 算法

（1）TextRank 前置介绍

TextRank 用于对文档关键词进行提取，步骤如下：

● 把给定的文档 T 按照完整的句子进行分割。
● 对每个句子进行分词和词性标注处理，并过滤掉停用词，只保留指定词性的单词，如名词、动词、形容词等。
● 构建候选关键词图 $G = (V,E)$，其中 V 为节点集，由每个词之间的相似度作为连接的边值。
● 根据下面的公式迭代传播各节点的权重，直至收敛：

$$WS(V_i) = (1-d) + d \times \sum_{V_j \in \mathrm{In}(V_i)} \frac{W_{ji}}{\sum_{V_k \in \mathrm{Out}(V_j)} W_{jk}} WS(V_j)$$

对节点权重进行倒序排序，作为按重要程度排列的关键词。

（2）TextRank 类的实现

整体 TextRank 的实现如下所示：

【程序 12-8】

```
class TextRank_score:
    def __init__(self,agnews_text):
        self.agnews_text = agnews_text
        self.filter_list = self.__get_agnews_text()
        self.win = self.__get_win()
```

```
        self.agnews_text_dict = self.__get_TextRank_score_dict()

    def __get_agnews_text(self):
        sentence = []
        for text in self.agnews_text:
            for word in text:
                sentence.append(word)
        return sentence

    def __get_win(self):
        win = {}
        for i in range(len(self.filter_list)):
            if self.filter_list[i] not in win.keys():
                win[self.filter_list[i]] = set()
            if i - 5 < 0:
                lindex = 0
            else:
                lindex = i - 5
            for j in self.filter_list[lindex:i + 5]:
                win[self.filter_list[i]].add(j)
        return win
    def __get_TextRank_score_dict(self):
        time = 0
        score = {w: 1.0 for w in self.filter_list}
        while (time < 50):
            for k, v in self.win.items():
                s = score[k] / len(v)
                score[k] = 0
                for i in v:
                    score[i] += s
            time += 1
        agnews_text_dict = {}
        for key in score:
            agnews_text_dict[key] = score[key]
        return agnews_text_dict

    def __get_TextRank_score(self, text):
        temp_dict = {}
        for word in text:
            if word in self.agnews_text_dict.keys():
                temp_dict[word] = (self.agnews_text_dict[word])
        values_list = sorted(temp_dict.items(), key=lambda word_tfidf:
word_tfidf[1],
                        reverse=False)  # 将 TextRank 数据按重要程度从大到小排序
        return values_list
    def get_TextRank_result(self,text):
```

```
temp_dict = {}
for word in text:
    if word in self.agnews_text_dict.keys():
        temp_dict[word] = (self.agnews_text_dict[word])
values_list = sorted(temp_dict.items(), key=lambda word_tfidf: word_tfidf[1],
reverse=False)
value_list = []
for value in values_list:
    value_list.append(value[0])
return (value_list)
```

TextRank 是实现关键词抽取的方法，相对于本书对应的数据集来说，对于文档主题的提取并不是必需的，所以本小节为选学内容。有兴趣的读者可以自行学习。

12.2　更多的词嵌入向量方法——fastText 和预训练词向量

在实际的模型计算过程中，word2vec 是一个最常用、最重要的将"词"转换成"词嵌入向量（Word Embedding）"的方式。

对于普通的文本来说，供人类所了解和掌握的信息传递方式并不能简易地被计算机所理解，因此词嵌入向量是目前来说解决向计算机传递文字信息的最好方式，如图 12-15 所示。

单词	长度为 3 的词向量		
我	0.3	-0.2	0.1
爱	-0.6	0.4	0.7
我	0.3	-0.2	0.1
的	0.5	-0.8	0.9
祖	-0.4	0.7	0.2
国	-0.9	0.3	-0.4

图 12-15　词嵌入向量

随着研究人员对词嵌入向量的研究深入和计算机处理能力的提高，更多更好的方法被提出，例如利用 fastText 和预训练的词嵌入模型对数据进行处理。

本节是上一节的延续，从方法上介绍 fastText 的训练和预训练词向量的使用。

12.2.1　fastText 的原理与基础算法

相对于传统的 word2vec 计算方法，fastText 是一种更为快速和新的计算词嵌入向量的方法，其优点主要体现在以下几个方面。

- fastText 在保持高精度的情况下加快了训练速度和测试速度。
- fastText 对词嵌入向量的训练更加精准。
- fastText 采用两个重要的算法：N-gram（第一次出现这个词，下文有说明）、Hierarchical softmax。

1. 算法一

相对于 word2vec 中采用的 CBOW 架构，fastText 采用的是 N-gram 架构，如图 12-16 所示。

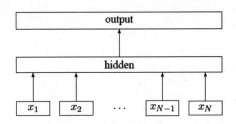

图 12-16　N-gram 架构

其中，$x_1, x_2, \ldots, x_{N-1}, x_N$ 表示一个文本中的 N-gram 向量，每个特征是词向量的平均值。这里顺便介绍一下 N-gram 的意义。

N-gram 常用的有 3 种，即 1-gram、2-gram、3-gram，分别对应一元、二元、三元。

以"我想去成都吃火锅"为例，对其进行分词处理，得到下面的数组：["我", "想", "去", "成", "都", "吃", "火", "锅"]。这就是 1-gram，分词的时候对应一个滑动窗口，窗口大小为 1，所以每次只取一个值。

同理，假设使用 2-gram 就会得到["我想", "想去", "去成", "成都", "都吃", "吃火", "火锅"]。N-gram 模型认为词与词之间有关系的距离为 N，如果超过 N 则认为它们之间没有联系，所以就不会出现"我成" "我去"这些词。

那么如果使用 3-gram，则就是["我想去", "想去成", "去成都", ...]。

理论上 N 可以设置为任意值，但是一般设置成上面 3 个类型就够了。

2. 算法二

当语料类别较多时，使用 hierarchical softmax(hs)减轻计算量。fastText 中的 hierarchical softmax 利用 Huffman 树实现，将词向量作为叶子节点，之后根据词向量构建 Huffman 树，如图 12-17 所示。

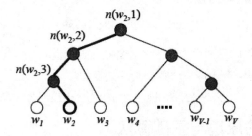

图 12-17　hierarchical softmax 架构

hierarchical softmax 的算法较为复杂，这里不过多阐述，有兴趣的读者可以自行研究。

12.2.2　使用 fastText 训练词嵌入向量

前面介绍完架构和理论，本小节开始使用 fastText。这里主要介绍中文部分的 fastText 处理。

（1）第一步：数据收集与分词

为了演示 fastText 的使用，构造如图 12-18 所示的数据集。

```
text = [
"卷积神经网络在图像处理领域获得了极大成功，其结合特征提取和目标训练为一体的模型能够最好的利用已有的信息对结果进行反馈训练。",
"对于文本识别的卷积神经网络来说，同样也是充分利用特征提取时提取的文本特征来计算文本特征权值大小的，归一化处理需要处理的数据。",
"这样将使得原来的文本信息抽象成一个向量化的样本集，之后将样本集和训练好的模板输入卷积神经网络进行处理。",
"本节将在上一节的基础上使用卷积神经网络实现文本分类的问题，这里将采用两种主要基于字符的和基于wordEmbedding形式的词卷积神经网络处理方法",
"实际上无论是基于字符的还是基于wordEmbedding形式的处理方式都是可以相互转换的，这里只介绍使用基本的使用模型和方法，更多的应用还需要读者
]
```

图 12-18　演示数据集

text 中是一系列的短句文本，以每个逗号为一句进行区分，一个简单的处理函数如下：

```python
import jieba
jieba_cut_list = []
for line in text:
    jieba_cut = jieba.lcut(line)
    jieba_cut_list.append(jieba_cut)
print(jieba_cut)
```

打印结果如下所示：

```
['卷积', '神经网络', '在', '图像处理', '领域', '获得', '了', '极大', '成功', '，', '其', '结合', '特征提取', '和', '目标', '训练', '为', '一体', '的', '模型
['对于', '文本', '识别', '的', '卷积', '神经网络', '来说', '，', '同样', '也', '是', '充分利用', '特征提取', '时', '提取', '的', '文本', '特征', '来', '计
['这样', '使得', '原来', '的', '文本', '信息', '抽象', '成', '一个', '向量', '量化', '的', '样本', '集', '，', '之后', '将', '样本', '集', '和', '训练', '好
['本节', '将', '在', '上', '一节', '的', '基础', '上', '使用', '卷积', '神经网络', '实现', '文本', '分类', '的', '问题', '，', '这里', '将', '采用', '两种
['实际上', '无论是', '基于', '字符', '的', '还是', '基于', 'wordEmbedding', '形式', '的', '处理', '方式', '都', '是', '可以', '相互', '转换', '的', '，', '
```

其中，每一行根据 jieba 的分词模型进行分词处理，之后存在每一行中的是已经被分过词的数据。

（2）第二步：使用 gensim 中的 fastText 进行词嵌入向量计算

gensim.models 中除了含有前文介绍过的 word2vec 函数，还包含有 fastText 的专用计算类，代码如下：

```python
from gensim.models import fastText
model =
fastText(min_count=5,size=300,window=7,workers=10,iter=50,seed=17,sg=1,hs=1)
```

其中，fastText 参数定义如下：

- sentences (iterable of iterables, optional)：供训练的句子，可以使用简单的列表，但是对于大语料库，建议直接从磁盘或网络迭代传输句子。
- size (int, optional)：word 向量的维度。
- window (int, optional)：一个句子中当前单词和被预测单词的最大距离。
- min_count (int, optional)：忽略词频小于此值的单词。
- workers (int, optional)：训练模型时使用的线程数。
- sg ({0, 1}, optional)：模型的训练算法，1 代表 skip-gram，0 代表 CBOW。

- hs ({0, 1}, optional): 1 采用 hierarchical softmax 训练模型，0 使用负采样。
- iter: 模型迭代的次数。
- seed (int, optional): 随机数发生器的种子数。

在定义的 fastText 类中依次设定了最低词频度、单词训练的最大距离、迭代数以及训练模型等。完整训练例子如下所示：

【程序 12-9】

```
text = [
"卷积神经网络在图像处理领域获得了极大成功，其结合特征提取和目标训练为一体的模型能够最好地利用已
有的信息对结果进行反馈训练。",
"对于文本识别的卷积神经网络来说，同样也是充分利用特征提取时提取的文本特征来计算文本特征权值大小
的，归一化处理需要处理的数据。",
"这样使得原来的文本信息抽象成一个向量化的样本集，之后将样本集和训练好的模板输入卷积神经网络进行
处理。",
"本节将在上一节的基础上使用卷积神经网络实现文档分类的问题，这里将采用两种主要基于字符的和基于词
嵌入向量形式的词卷积神经网络处理方法。",
"实际上无论是基于字符的还是基于词嵌入向量形式的处理方式都是可以相互转换的，这里只介绍使用基本的
使用模型和方法，更多的应用还需要读者自行挖掘和设计。"
]
import jieba
jieba_cut_list = []
for line in text:
    jieba_cut = jieba.lcut(line)
    jieba_cut_list.append(jieba_cut)

from gensim.models import fasttext

model = fasttext
(min_count=5,size=300,window=7,workers=10,iter=50,seed=17,sg=1,hs=1)
model.build_vocab(jieba_cut_list)
model.train(jieba_cut_list, total_examples=model.corpus_count,
epochs=model.iter)#这里使用笔者给出的固定格式即可
model.save("./models/xiaohua_fasttext_model_jieba.model")
```

model 中的 build_vocab 函数用于对数据建立词库，而 train 函数用于设置 model 模型的训练模式，这里使用笔者给出的格式即可。

最后是训练好的模型存储问题，这里模型被存储在 models 文件夹中。

（3）第三步：使用训练好的 fastText 作为参数

使用训练好的 fastText 作为参数也很方便，直接载入训练好的模型，之后将带测试的文本输入即可，代码如下：

```
from gensim.models import fastText
```

```
model = fastText.load("./models/xiaohua_fasttext_model_jieba.model")
embedding = (model["卷积","神经网络"])    #卷积与神经网络，这两个词都是经过预训练的
print(embedding)
```

与训练过程不同的是，这里 fastText 使用自带的 load 函数将保存的模型载入，之后用类似于传统的 list 方式将已训练过的值打印出来。结果如图 12-19 所示。

```
[[ 1.23337319e-03 -9.69461864e-04 -4.65232151e-04  1.65295496e-05
   6.20143139e-04  3.27190675e-04 -5.20014262e-04 -4.33940208e-04
   8.33714148e-06 -1.41896703e-03  6.71732007e-04 -2.83392437e-04
  -8.72086384e-04 -4.66861471e-04  5.24930423e-04  1.78475538e-03
   3.34764016e-04  6.07557013e-05  2.41720420e-03  2.02693231e-03
  -5.14851243e-04  2.17236055e-04 -1.65287266e-03 -5.34027582e-04
   8.42795998e-04 -2.87764735e-04 -8.72804667e-05  1.26866275e-04
  -5.43480506e-04  2.25654570e-04 -7.17494229e-04  1.42720155e-03
```

图 12-19　打印结果

> **注　意**
>
> fastText 的模型只能打印已训练过的词向量而不能打印未经过训练的词，在上例中模型输出的值是已经过训练的"卷积"和"神经网络"这两个词。

打印输出值的维度如下：

```
print(embedding.shape)
```

结果如下所示：

$$(2, 300)$$

（4）第四步：继续已有的 fastText 模型进行词嵌入训练

有时候需要在训练好的模型上继续进行词嵌入向量的训练，可以利用已训练好的模型或者计算机碎片时间进行迭代训练。在理论上，数据集内容越多，训练时间越长，训练精度越准。

```
model = fastText.load("./models/xiaohua_fasttext_model_jieba.model")
# second_sentences 是新的训练数据，处理方法和上面的一样
model.build_vocab(second_sentences, update=True)
model.train(second_sentences, total_examples=model.corpus_count, epochs=6)
model.min_count = 10
model.save("./models/xiaohua_fasttext_model_jieba.model")
```

在这里需要额外设置的是一些 model 的参数，仿照这里的格式编写即可。

（5）第五步：提取 fastText 模型的训练结果作为预训练词嵌入向量（一定要注意位置对应关系）

训练好的 fastText 模型可以作为深度学习的预训练词嵌入向量输入到模型中使用，相对于随机生成的向量，预训练的词嵌入向量带有部分位置以及语义信息。

获取预训练好的词嵌入向量的代码如下：

```
def get_embedding_model(Word2VecModel):
```

```
# 存储所有的词语
vocab_list = [word for word, Vocab in Word2VecModel.wv.vocab.items()]

word_index = {" ": 0}  # 初始化 `[word : token]`，后期 tokenize 语料库就是用该词典
word_vector = {}  # 初始化`[word : vector]`字典

# 初始化存储所有向量的大矩阵，留意其中多一位（首行），词向量全为 0，用于填充操作时补零
# "行数"为所有单词数加 1，比如 10000+1；列数为词向量的"维度"，比如 100
embeddings_matrix = np.zeros((len(vocab_list) + 1, Word2VecModel.vector_size))

## 填充上述的字典和大矩阵
for i in range(len(vocab_list)):
    word = vocab_list[i]              # 每个词语
    word_index[word] = i + 1          # 词：序号
    word_vector[word] = Word2VecModel.wv[word]          # 词：词向量
    embeddings_matrix[i + 1] = Word2VecModel.wv[word]    # 词向量矩阵

#这里的 word_vector 数据量较大时不便于打印出来
return word_index, word_vector, embeddings_matrix  # word_index 和
embeddings_matrix 的作用在下文中阐述
```

在示例代码中，首先通过迭代方法获取训练的词库列表，之后建立字典，使得词和序列号一一对应。

返回值分别是 3 个数值：word_index、word_vector 和 embeddings_matrix。其中，word_index 是词的序列；embeddings_matrix 是生成的与词向量表所对应的词向量矩阵。这里需要注意的是，实际上词嵌入向量可以根据传入的数据而对其位置进行修正，但是此修正必须伴随 word_index 一起进行位置改变。

在词嵌入向量中进行 look_up 查询时，传入的是每个字符的序号，因此需要一个"编码器"将字符编码为对应的序号。

```
# 序号化文本，tokenizer 句子，并返回每个句子所对应的词语索引
# 这个只能对单个字进行处理，对词语切词的时候无法处理
def tokenizer(texts, word_index):
    token_indexs = []
    for sentence in texts:
        new_txt = []
        for word in sentence:
            try:
                new_txt.append(word_index[word])  # 把句子中的词语转化为索引
            except:
                new_txt.append(0)
        token_indexs.append(new_txt)
    return token_indexs
```

tokenizer 函数用作对词的序列化，这里根据上文生成的 word_index 对每个词进行编号。

下面的代码段使用训练好的预训练参数做一个测试，打印相同字符在 fastText 中的词嵌入值以

及读取到 TensorFlow 中的词向量矩阵中的对应值。（请注意训练好的模型读取方法，这种方法在下一节还会用到。）

【程序 12-10】

```python
import numpy as np
import gensim

def get_embedding_model(Word2VecModel):
    # 存储所有的词
    vocab_list = [word for word, Vocab in Word2VecModel.wv.vocab.items()]

    word_index = {" ": 0}# 初始化 `[word :token]` ，后期 tokenize 语料库就是用该词典
    word_vector = {}       # 初始化`[word : vector]`字典

    # 初始化存储所有向量的大矩阵，留意其中多一位（首行），词向量全为 0，用于填充操作时补零
    # 行数为所有单词数加 1，比如 10000+1；列数为词向量的“维度”，比如 100
    embeddings_matrix = np.zeros((len(vocab_list) + 1, Word2VecModel.vector_size))

    ## 填充上述的字典和大矩阵
    for i in range(len(vocab_list)):
        word = vocab_list[i]            # 每个词语
        word_index[word] = i + 1        # 词：序号
        word_vector[word] = Word2VecModel.wv[word]         # 词：词向量
        embeddings_matrix[i + 1] = Word2VecModel.wv[word]    # 词向量矩阵

    #这里的 word_vector 不好打印
return word_index, word_vector, embeddings_matrix

# 序号化文本，tokenizer 句子，并返回每个句子所对应的词语索引
# 这个只能对单个字进行处理，对词语切词的时候无法处理
def tokenizer(texts, word_index):
    token_indexs = []
    for sentence in texts:
        new_txt = []
        for word in sentence:
            try:
                new_txt.append(word_index[word])  # 把句子中的词语转化为 index
            except:
                new_txt.append(0)
        token_indexs.append(new_txt)
    return token_indexs

if __name__ == "__main__":
    ## 1 获取 gensim 的模型
    model =
```

```
gensim.models.word2vec.Word2Vec.load("./models/xiaohua_fasttext_model_jieba.mod
el")
    word_index, word_vector, embeddings_matrix = get_embedding_model(model)

    token_indexs = tokenizer("卷积",word_index)
    print(token_indexs)
```

12.2.3 使用其他预训练参数（中文）

无论是使用 word2vec 还是 fastText 作为训练基础都是可以的，但是对于个人用户或者规模不大的公司机构来说，做一个庞大的预训练项目是一个费时费力的工程。

既然它山之石（见图 12-20）可以攻玉，那么为什么不借助其他免费的训练好的词向量作为使用基础呢？

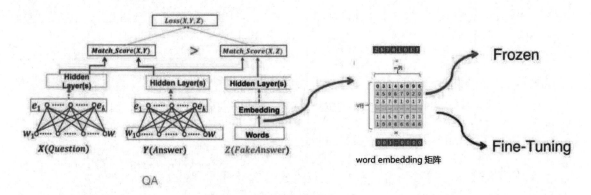

图 12-20　它山之石

在中文部分较为常用并且免费的词嵌入向量预训练数据为腾讯的词向量，下载界面如图 12-21 所示。

Tencent AI Lab Embedding Corpus for Chinese Words and Phrases

A corpus on continuous distributed representations of Chinese words and phrases.

Introduction

This corpus provides 200-dimension vector representations, a.k.a. embeddings, for over 8 million Chinese words and phrases, which are pre-trained on large-scale high-quality data. These vectors, capturing semantic meanings for Chinese words and phrases, can be widely applied in many downstream Chinese processing tasks (e.g., named entity recognition and text classification) and in further research.

Data Description

Download the corpus from: Tencent_AILab_ChineseEmbedding.tar.gz.

The pre-trained embeddings are in **Tencent_AILab_ChineseEmbedding.txt**. The first line shows the total number of embeddings and their dimension size, separated by a space. In each line below, the first column indicates a Chinese word or phrase, followed by a space and its embedding. For each embedding, its values in different dimensions are separated by spaces.

图 12-21　腾讯的词向量

除此之外,哈尔滨工业大学和科大讯飞也提供了训练好的词向量,有兴趣的读者可以自行研究。

12.3　针对文本的卷积神经网络模型——字符卷积

卷积神经网络在图像处理领域获得了很大的成功,其结合特征提取和目标训练为一体的模型能够最好地利用已有的信息对结果进行反馈训练。

对于文本识别的卷积神经网络来说,同样也是充分利用特征提取时提取的文本特征来计算文本特征权值大小的,归一化处理需要处理的数据。这样使得原来的文本信息抽象成一个向量化的样本集,之后将样本集和训练好的模板输入卷积神经网络进行处理。

本节将在上一节的基础上使用卷积神经网络实现文档分类的问题,这里将采用两种主要基于字符的和基于词嵌入向量形式的词卷积神经网络处理方法。实际上无论是基于字符的还是基于词嵌入向量形式的处理方式都是可以相互转换的,这里只介绍使用基本的使用模型和方法,更多的应用还需要读者自行挖掘和设计。

12.3.1　字符(非单词)文本的处理

本小节将介绍基于字符的 CNN 处理方法。基于单词的卷积处理内容将在下一节介绍,请读者循序渐进地学习。

任何一个英文单词都是由字母构成,因此可以简单地将英文单词拆分成字母的表示形式:

```
hello -> ["h","e","l","l","o"]
```

这样可以看到一个单词"hello"被人为拆分成"h""e""l""l""o"这 5 个字母。对于 Hello 的处理有 2 种方法,即采用独热编码的方式和采用字符嵌入向量的方式。这样"hello"这个单词就会被转成一个$[5,n]$大小的矩阵,本例中采用独热编码的方式处理。

使用卷积神经网络计算字符矩阵时,对于每个单词拆分成的数据,根据不同的长度对其进行卷积处理,提取出高层抽象概念。这样做的好处是不需要使用预训练好的词向量和语法句法结构等信息。除此之外,字符级还有一个好处就是可以很容易地推广到所有语言。使用 CNN 处理字符文档分类的原理如图 12-22 所示。

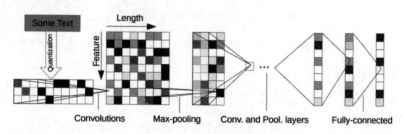

图 12-22　使用 CNN 处理字符文档分类

(1)第一步:标题文本的读取与转化

对于 AgNews 数据集来说,每个分类的文档条例既有对应的分类,也有标题和文本内容,对于文档内容的抽取在上一节的选学内容中也有介绍，这里采用直接使使用标题文本的方法进行处理，如图 12-23 所示。

```
3 Money Funds Fell in Latest Week (AP)
3 Fed minutes show dissent over inflation (USATODAY.com)
3 Safety Net (Forbes.com)
3 Wall St. Bears Claw Back Into the Black
3 Oil and Economy Cloud Stocks' Outlook
3 No Need for OPEC to Pump More-Iran Gov
3 Non-OPEC Nations Should Up Output-Purnomo
3 Google IPO Auction Off to Rocky Start
3 Dollar Falls Broadly on Record Trade Gap
3 Rescuing an Old Saver
3 Kids Rule for Back-to-School
3 In a Down Market, Head Toward Value Funds
```

图 12-23　AG_news 标题文本

读取标题和 label 的程序请读者参考上一节"文本数据处理"的内容自行完成。由于只是对文档标题进行处理，因此在做数据清洗的时候不用处理停用词和进行词干还原。对于空格，由于是字符计算，因此不需保留，直接删除即可。完整代码如下：

```
def text_clearTitle(text):
    text = text.lower()                      #将文本转化成小写字母
    text = re.sub(r"[^a-z]"," ",text)        #替换非标准字符，^是"排除"操作
    text = re.sub(r" +", " ", text)          #替换多重空格
    text = text.strip()                      #去除首尾空格
    text = text + " eos"                     #添加结束符，请注意 eos 前面有一个空格
return text
```

这样获取的结果如图 12-24 所示。

```
wal mart dec sales still seen up pct eos
sabotage stops iraq s north oil exports eos
corporate cost cutters miss out eos
murdoch will shell out mil for manhattan penthouse eos
au says sudan begins troop withdrawal from darfur reuters eos
insurgents attack iraq election offices reuters eos
syria redeploys some security forces in lebanon reuters eos
security scare closes british airport ap eos
iraqi judges start quizzing saddam aides ap eos
musharraf says won t quit as army chief reuters eos
```

图 12-24　AG_news 标题文本抽取结果

可以看到，不同的标题被整合成一系列可能对于人类来说没有任何表示含义的字符。

（2）第二步：文本的独热编码

下面将生成的字符串进行独热编码，处理的方式非常简单，首先建立一个 26 个字母的字符表：

```
alphabet_title = "abcdefghijklmnopqrstuvwxyz"
```

将不同的字符按照字符表对应位置进行提取，根据提取的位置将对应的字符位置设置成 1，其他为 0。例如，字符"c"在字符表中为第 3 个，所以获取的字符矩阵为：

```
[0,0,1,0,0,0,0,0,0,0,0,0,0,0,0,0,0,0,0,0,0,0,0,0,0,0]
```

其他的类似,代码如下:

```
def get_one_hot(list):
values = np.array(list)
n_values = len(alphabet_title) + 1
return np.eye(n_values)[values]
```

这段代码的作用就是将生成的字符序列转换成矩阵,如图 12-25 所示。

```
[[0. 1. 0. 0. 0. 0. 0. 0. 0. 0. 0. 0. 0. 0. 0. 0. 0. 0. 0. 0. 0. 0. 0. 0.
  0. 0. 0.]
 [0. 0. 1. 0. 0. 0. 0. 0. 0. 0. 0. 0. 0. 0. 0. 0. 0. 0. 0. 0. 0. 0. 0. 0.
  0. 0. 0.]
 [0. 0. 0. 1. 0. 0. 0. 0. 0. 0. 0. 0. 0. 0. 0. 0. 0. 0. 0. 0. 0. 0. 0. 0.
  0. 0. 0.]
 [0. 0. 0. 0. 1. 0. 0. 0. 0. 0. 0. 0. 0. 0. 0. 0. 0. 0. 0. 0. 0. 0. 0. 0.
  0. 0. 0.]
 [0. 0. 0. 0. 0. 1. 0. 0. 0. 0. 0. 0. 0. 0. 0. 0. 0. 0. 0. 0. 0. 0. 0. 0.
  0. 0. 0.]
 [0. 0. 0. 0. 0. 0. 1. 0. 0. 0. 0. 0. 0. 0. 0. 0. 0. 0. 0. 0. 0. 0. 0. 0.
  0. 0. 0.]
 [1. 0. 0. 0. 0. 0. 0. 0. 0. 0. 0. 0. 0. 0. 0. 0. 0. 0. 0. 0. 0. 0. 0. 0.
  0. 0. 0.]]
```

[1,2,3,4,5,6,0] ->

图 12-25 字符转化矩阵示意图

下一步的内容就是将字符串按字符表中的顺序转换成数字序列,代码如下:

```
def get_char_list(string):
    alphabet_title = "abcdefghijklmnopqrstuvwxyz"
    char_list = []
    for char in string:
        num = alphabet_title.index(char)
        char_list.append(num)
    return char_list
```

这样生成的结果如下:

```
hello -> [7, 4, 11, 11, 14]
```

将代码段整合在一起,最终结果如下:

```
def get_one_hot(list,alphabet_title = None):
    if alphabet_title == None:              #设置字符集
        alphabet_title = "abcdefghijklmnopqrstuvwxyz"
    else:alphabet_title = alphabet_title
    values = np.array(list)                 #获取字符数列
    n_values = len(alphabet_title) + 1      #获取字符表长度
    return np.eye(n_values)[values]

def get_char_list(string,alphabet_title = None):
    if alphabet_title == None:
        alphabet_title = "abcdefghijklmnopqrstuvwxyz"
    else:alphabet_title = alphabet_title
    char_list = []
    for char in string:                     #获取字符串中的字符
```

```
        num = alphabet_title.index(char)        #获取对应位置
        char_list.append(num)                    #组合位置编码
    return char_list
#主代码
def get_string_matrix(string):
    char_list = get_char_list(string)
    string_matrix = get_one_hot(char_list)
    return string_matrix
```

这样生成的结果如图 12-26 所示。

```
[[0. 0. 0. 0. 0. 0. 0. 1. 0. 0. 0. 0. 0. 0. 0. 0. 0. 0. 0. 0. 0. 0. 0. 0.
  0. 0. 0.]
 [0. 0. 0. 0. 1. 0. 0. 0. 0. 0. 0. 0. 0. 0. 0. 0. 0. 0. 0. 0. 0. 0. 0. 0.
  0. 0. 0.]
 [0. 0. 0. 0. 0. 0. 0. 0. 0. 0. 0. 1. 0. 0. 0. 0. 0. 0. 0. 0. 0. 0. 0. 0.
  0. 0. 0.]
 [0. 0. 0. 0. 0. 0. 0. 0. 0. 0. 0. 1. 0. 0. 0. 0. 0. 0. 0. 0. 0. 0. 0. 0.
  0. 0. 0.]
 [0. 0. 0. 0. 0. 0. 0. 0. 0. 0. 0. 0. 0. 0. 1. 0. 0. 0. 0. 0. 0. 0. 0. 0.
  0. 0. 0.]]
```

图 12-26　转换字符串并进行独热编码

可以看到，单词"hello"被转换成一个[5,26]大小的矩阵，供下一步处理。这里又产生了一个新的问题，对于不同长度的字符串，组成矩阵的行的长度不同。虽然卷积神经网络可以处理具有不同长度的字符串，但是在本例中还是以相同大小的矩阵作为数据输入进行计算。

（3）第三步：生成文本的矩阵的细节处理——矩阵补全

下一步就是根据文档标题生成独热编码矩阵，而对于上一步中的 one-hot 矩阵函数，读者可以自行将其变更成类使用，这样能够在使用时更为简易和便捷。此处笔者将使用单独的函数，也就是上一步编写的函数。

```
import csv
import numpy as np
import tools
agnews_title = []
agnews_train = csv.reader(open("./dataset/train.csv","r"))
for line in agnews_train:
    agnews_title.append(tools.text_clearTitle(line[1]))
for title in agnews_title:
    string_matrix = tools.get_string_matrix(title)
    print(string_matrix.shape)
```

打印结果如图 12-27 所示。

```
(51, 28)
(59, 28)
(44, 28)
(47, 28)
(51, 28)
(91, 28)
(54, 28)
(42, 28)
```

图 12-27　补全后的矩阵维度

可以看到，生成的文本矩阵被整形成一个有一定大小规则的矩阵输出。这里又出现了一个新的问题，对于不同长度的文本，单词和字母的多少并不是固定的，虽然对于全卷积神经网络来说输入的数据维度可以不统一和固定，但还是要对其进行处理。

对于不同长度的矩阵处理，一个简单的思路就是将其进行规范化处理：长的截短，短的补长。本文的思路也是如此，代码如下：

```python
def get_handle_string_matrix(string,n = 64):       # n 为设定的长度，可以根据需要修正
    string_length= len(string)                     #获取字符串的长度
    if string_length > 64:                         #判断是否大于 64
        string = string[:64]                       #长度大于 64 的字符串予以截短
        string_matrix = get_string_matrix(string)       #获取文本矩阵
        return string_matrix
    else:     #对于长度不够的字符串
        string_matrix = get_string_matrix(string)       #获取字符串矩阵
        handle_length = n - string_length               #获取需要补全的长度
        pad_matrix = np.zeros([handle_length,28])       #使用全 0 矩阵进行补全
        #将字符矩阵和全 0 矩阵进行叠加，将全 0 矩阵叠加到字符矩阵后面
        string_matrix = np.concatenate([string_matrix,pad_matrix],axis=0)
        return string_matrix
```

代码分成两部分，首先是对不同长度的字符进行处理，对于长度大于 64（64 是人为设定的大小，也可以根据需要对其进行自由修改）的字符，截取前面的部分进行矩阵获取；对于长度不到 64 的字符串，需要对其进行补全，生成由余数构成的全 0 矩阵进行处理。

这样经过修饰后的代码如下：

```python
import csv
import numpy as np
import tools
agnews_title = []
agnews_train = csv.reader(open("./dataset/train.csv","r"))
for line in agnews_train:
    agnews_title.append(tools.text_clearTitle(line[1]))
for title in agnews_title:
    string_matrix = tools. get_handle_string_matrix (title)
    print(string_matrix.shape)
```

打印结果如图 12-28 所示。

```
(64, 28)
(64, 28)
(64, 28)
(64, 28)
(64, 28)
(64, 28)
(64, 28)
(64, 28)
```

图 12-28　标准化补全后的矩阵维度

（4）第四步：标签的独热编码矩阵的构建

对于分类的表示，这里同样可以使用独热编码方法对其分类做出分类重构，代码如下：

```
def get_label_one_hot(list):
    values = np.array(list)
    n_values = np.max(values) + 1
    return np.eye(n_values)[values]
```

仿照文本的 one-hot 函数，根据传进来的序列化参数对列表进行重构，形成一个新的独热编码矩阵，从而能够反映出不同的类别。

（5）第五步：数据集的构建

通过准备文本数据集，将文本进行清洗，去除不相干的词，提取出主干，并根据需要设定矩阵维度和大小，全部代码如下（tools 代码为上文分布代码，在主代码后部位）：

```
import csv
import numpy as np
import tools
agnews_label = []                                         #空标签列表
agnews_title = []                                         #空文本标题的文档
agnews_train = csv.reader(open("./dataset/train.csv","r"))   #读取数据集
for line in agnews_train:                                 #分行迭代文本数据
    agnews_label.append(np.int(line[0]))                  #将标签读入标签列表
    agnews_title.append(tools.text_clearTitle(line[1]))  #将文本读入
train_dataset = []
for title in agnews_title:
    string_matrix = tools.get_handle_string_matrix(title)   #构建文本矩阵
    train_dataset.append(string_matrix)                  #以文本矩阵读取训练列表
train_dataset = np.array(train_dataset)                  #将原生的训练列表转换成 NumPy 格式
#将 label 列表转换成独热编码格式
label_dataset = tools.get_label_one_hot(agnews_label)
```

这里首先通过 csv 库获取全文本数据，之后逐行将文本和标签读入，分别将其转化成独热编码矩阵，随后利用 NumPy 库将对应的列表转换成 NumPy 格式。结果如图 12-29 所示。

```
(120000, 64, 28)
(120000, 5)
```

图 12-29　标准化转换后的 AG_news

这里分别生成了训练集数量数据和标签数据的独热编码矩阵列表，训练集的维度为[12000, 64, 28]，第一个数字是总的样本数，第二个和第三个数字为生成的矩阵维度。标签数据为一个二维矩阵，12000 是样本的总数，5 是类别。注意，独热编码是从 0 开始的，而标签的分类是从 1 开始的，因此会自动生成一个 0 的标签。全部 tools 函数如下，读者可以将其改成类的形式进行处理。

【程序 12-11】

```python
import re
from nltk.corpus import stopwords
from nltk.stem.porter import PorterStemmer
import numpy as np

#对英文文本进行数据清洗
stoplist = stopwords.words('english')
def text_clear(text):
    text = text.lower()                                    #将文本转化成小写字母
    text = re.sub(r"[^a-z]"," ",text)                      #替换非标准字符，^是"排除"操作
    text = re.sub(r" +", " ", text)                        #替换多重空格
    text = text.strip()                                    #去除首尾空格
    text = text.split(" ")
    text = [word for word in text if word not in stoplist]     #去除停用词
    text = [PorterStemmer().stem(word) for word in text]         #还原词干部分
    text.append("eos")                                     #添加结束符
    text = ["bos"] + text                                  #添加开始符
    return text
#对标题进行处理
def text_clearTitle(text):
    text = text.lower()                                    #将文本转化成小写字母
    text = re.sub(r"[^a-z]"," ",text)                      #替换非标准字符，^是"排除"操作
    text = re.sub(r" +", " ", text)                        #替换多重空格
    #text = re.sub(" ", "", text)                          #替换隔断空格
    text = text.strip()                                    #去除首尾空格
    text = text + " eos"                                   #添加结束符
return text
#生成标题的独热编码标签
def get_label_one_hot(list):
    values = np.array(list)
    n_values = np.max(values) + 1
return np.eye(n_values)[values]
#生成文本的独热编码矩阵
def get_one_hot(list,alphabet_title = None):
    if alphabet_title == None:                            #设置字符集
        alphabet_title = "abcdefghijklmnopqrstuvwxyz "
    else:alphabet_title = alphabet_title
    values = np.array(list)                               #获取字符数列
    n_values = len(alphabet_title) + 1                    #获取字符表长度
    return np.eye(n_values)[values]
#获取文本在词典中的位置列表
def get_char_list(string,alphabet_title = None):
    if alphabet_title == None:
        alphabet_title = "abcdefghijklmnopqrstuvwxyz "
```

```
    else:alphabet_title = alphabet_title
    char_list = []
    for char in string:                          #获取字符串中的字符
        num = alphabet_title.index(char)         #获取对应位置
        char_list.append(num)                    #组合位置编码
    return char_list
#生成文本矩阵
def get_string_matrix(string):
    char_list = get_char_list(string)
    string_matrix = get_one_hot(char_list)
    return string_matrix
#获取补全后的文本矩阵
def get_handle_string_matrix(string,n = 64):
    string_length= len(string)
    if string_length > 64:
        string = string[:64]
        string_matrix = get_string_matrix(string)
        return string_matrix
    else:
        string_matrix = get_string_matrix(string)
        handle_length = n - string_length
        pad_matrix = np.zeros([handle_length,28])
        string_matrix = np.concatenate([string_matrix,pad_matrix],axis=0)
        return string_matrix]
#获取数据集
def get_dataset():
    agnews_label = []
    agnews_title = []
    agnews_train = csv.reader(open("./dataset/train.csv","r"))
    for line in agnews_train:
        agnews_label.append(np.int(line[0]))
        agnews_title.append(text_clearTitle(line[1]))
    train_dataset = []
    for title in agnews_title:
        string_matrix = get_handle_string_matrix(title)
        train_dataset.append(string_matrix)
    train_dataset = np.array(train_dataset)
    label_dataset = get_label_one_hot(agnews_label)
    return train_dataset,label_dataset
```

12.3.2 卷积神经网络文档分类模型的实现——conv1d（一维卷积）

对文档的数据集处理完毕后，下面进入基于卷积神经网络的分辨模型设计（见图 12-30）。模型的设计多种多样。

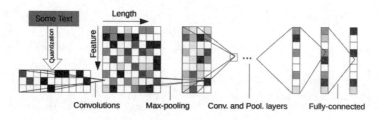

图 12-30　使用 CNN 处理字符文档分类

如同图 12-30 的结构，笔者根据类似的模型设计了一个由 5 层神经网络构成的文档分类模型：

1	Conv 3x3 1x1
2	Conv 5x5 1x1
3	Conv 3x3 1x1
4	full_connect 512
5	full_connect 5

这里使用的是 5 层神经网络，前 3 个基于一维的卷积神经网络，后 2 个全连接层用于分类任务，代码如下：

```python
def char_CNN():
    xs = tf.keras.Input([])
    conv_1 = tf.keras.layers.Conv1D( 1, 3,activation=tf.nn.relu)(xs)   # 第一层卷积
    conv_1 = tf.keras.layers.BatchNormalization(conv_1)

    # 第二层卷积
    conv_2 = tf.keras.layers.Conv1D( 1, 5,activation=tf.nn.relu)(conv_1)
    conv_2 = tf.keras.layers.BatchNormalization(conv_2)
    # 第三层卷积
    conv_3 = tf.keras.layers.Conv1D( 1, 5,activation=tf.nn.relu)(conv_2)
    conv_3 = tf.keras.layers.BatchNormalization(conv_3)
    flatten = tf.keras.layers.Flatten()(conv_3)
    fc_1 = tf.keras.layers.Dense( 512,activation=tf.nn.relu)(flatten) # 全连接网络
    logits = tf.keras.layers.Dense(5,activation=tf.nn.softmax)(fc_1)
    model = tf.keras.Model(inputs=xs, outputs=logits)
    return model
```

这里是完整的训练模型，训练代码如下：

```python
import csv
import numpy as np
import tools
import tensorflow as tf
from sklearn.model_selection import train_test_split
train_dataset,label_dataset = tools.get_dataset()
X_train,X_test, y_train, y_test =
#将数据集划分为训练集和测试集
train_test_split(train_dataset,label_dataset,test_size=0.1, random_state=217)
```

```
batch_size  = 12
train_data =
tf.data.Dataset.from_tensor_slices((X_train,y_train)).batch(batch_size)

model = tools.char_CNN() # 使用模型进行计算
model.compile(optimizer=tf.optimizers.Adam(1e-3),
loss=tf.losses.categorical_crossentropy,metrics = ['accuracy'])
model.fit(train_data, epochs=1)
score = model.evaluate(X_test, y_test)
print("last score:",score)
```

首先获取完整的数据集，之后通过 train_test_split 函数对数据集进行划分，将数据分为训练集和测试集。模型的计算和损失函数的优化和传统的 TensorFlow 方法类似，这里不多做阐述。

最终结果请读者自行完成。需要说明的是，这里的模型也是一个较为简易的基于短文档分类的文档分类模型，效果并不太好，仅仅起到一个抛砖引玉的作用。

12.4　针对文档的卷积神经网络模型——词卷积

使用字符卷积对文档分类是可以的，但是相对于词来说，字符包含的信息并没有词的内容多，即使卷积神经网络能够较好地对数据信息进行学习，由于包含的内容关系，因此其最终效果也只能差强人意。

在字符卷积的基础上，研究人员尝试使用词为基础数据对文本进行处理。图 12-31 就是使用 CNN 构建的词卷积模型。

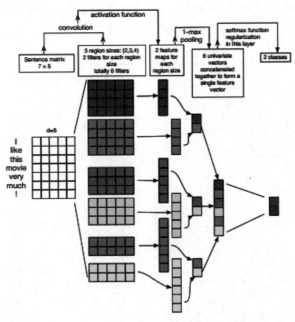

图 12-31　使用 CNN 构建的词卷积模型

在实际读写中，一般用短文本表达较为集中的思想，文本长度有限、结构紧凑、能够独立表达意思，因此可以使用基于词卷积的神经网络对数据进行处理。

12.4.1　单词的文本处理

使用卷积神经网络对单词进行处理的最基本的要求就是将文本转换成计算机可以识别的数据。在上一节的内容中，使用卷积神经网络对字符的独热编码矩阵进行了分析处理，这里有一个简单的想法，就是能否将文本中的单词处理成独热编码矩阵后再进行处理，如图 12-32 所示。

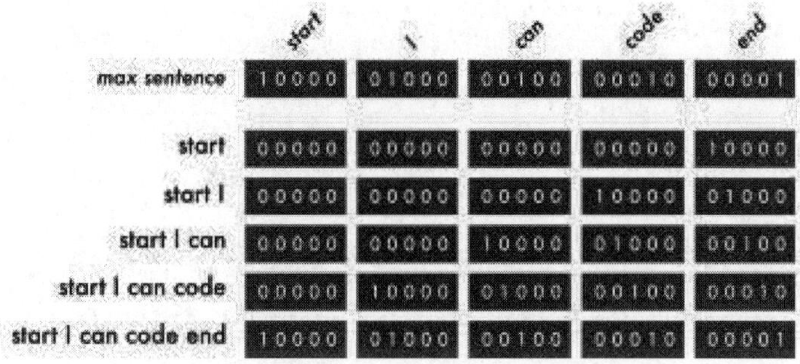

图 12-32　词的独热编码处理

使用独热编码表示单词从理论上讲是可行的，但是在事实中并不可行。对于基于字符的独热编码方案来说，所有的字符会在一个相对合适的字库（例如从 26 个字母或者一些常用的字符）中选取，那么总量并不会很多（通常少于 128 个），因此组成的矩阵也不会很大。

对于单词来说，常用的英文单词或者中文词语一般在 5000 左右，因此建立一个稀疏、庞大的独热编码矩阵是不切实际的想法。

目前一种较好的解决方法就是使用 word2vec 的词嵌入向量，这样可以通过学习将字库中的词转换成维度一定的向量，作为卷积神经网络的计算依据。本节的处理和计算依旧使用文本标题作为处理的目标。单词的词向量的建立步骤如下所示。

（1）第一步：分词模型的处理

首先对读取的数据进行分词处理，与采用独热编码形式的数据读取类似，首先对对文本进行清理，去除停用词和标准化文本。需要注意的是，对于 word2vec 训练模型来说，需要输入若干个词列表，因此要对获取的文本进行分词，转换成数组的形式存储。

```
def text_clearTitle_word2vec(text):
    text = text.lower()                  #将文本转化成小写字母
    text = re.sub(r"[^a-z]"," ",text)    #替换非标准字符，^是"排除"操作
    text = re.sub(r" +", " ", text)      #替换多重空格
    text = text.strip()                  #去除首尾空格
    text = text + " eos"                 #添加结束符，注意 eos 前有空格
    text = text.split(" ")               #对文本分词，转成列表存储
    return text
```

请读者自行验证。

（2）第二步：分词模型的训练与载入

下面一步是对分词模型的训练与载入，基于已有的分词数组对不同维度的矩阵分别处理。需要注意的是，对于 word2vec 词向量来说，如果简单地将待补全的矩阵用全 0 矩阵补全是不合适的，最好的方法是将 0 矩阵修改为一个非常小的常数矩阵，代码如下：

```python
def get_word2vec_dataset(n = 12):
    agnews_label = []                               #创建标签列表
    agnews_title = []                               #创建标题列表
    agnews_train = csv.reader(open("./dataset/train.csv", "r"))
    for line in agnews_train:                       #将数据读取到对应列表中
        agnews_label.append(np.int(line[0]))
        #先将数据进行清洗之后再读取
        agnews_title.append(text_clearTitle_word2vec(line[1]))
    from gensim.models import word2vec              # 导入 gensim 包
    #设置训练参数
    model = word2vec.Word2Vec(agnews_title, size=64, min_count=0, window=5)
    train_dataset = []                              #创建训练集列表
    for line in agnews_title:                        #对长度进行判定
        length = len(line)                          #获取列表长度
        if length > n:                              #对列表长度进行判断
            line = line[:n]                         #截取需要的长度列表
            word2vec_matrix = (model[line])         #获取 word2vec 矩阵
            train_dataset.append(word2vec_matrix)   #将 word2vec 矩阵添加到训练集中
        else:                    #补全长度不够的操作
            word2vec_matrix = (model[line])         #获取 word2vec 矩阵
            pad_length = n - length                 #获取需要补全的长度
            #创建补全矩阵并增加一个小数值
            pad_matrix = np.zeros([pad_length, 64]) + 1e-10
#矩阵补全
            word2vec_matrix = np.concatenate([word2vec_matrix, pad_matrix], axis=0)
            train_dataset.append(word2vec_matrix)       #将 word2vec 矩阵添加到训练集中
    train_dataset = np.expand_dims(train_dataset,3)  #将三维矩阵进行扩展
    label_dataset = get_label_one_hot(agnews_label)  #转换成独热编码矩阵
    return train_dataset, label_dataset
```

最终的结果如图 12-33 所示。

```
(120000, 12, 64, 1)
(120000, 5)
```

图 12-33　次卷积处理后的 AG_news 数据集

12.4.2　卷积神经网络文档分类模型的实现——conv2d（二维卷积）

图 12-34 是对卷积神经网络进行的设计。

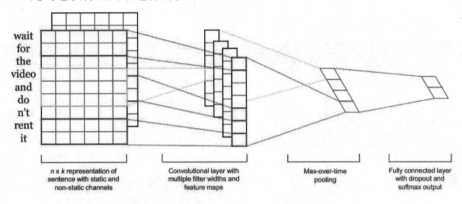

图 12-34　使用二维卷积进行文档分类任务

模型的思想很简单，根据输入的已转化成词嵌入向量形式的词矩阵通过不同的卷积提取不同的长度进行二维卷积计算，将最终的计算值进行链接，之后经过池化层获取不同矩阵均值，再通过一个全连接层对其进行分类。

```python
def word2vec_CNN():
    xs = tf.keras.Input([None,None])
    # 设置卷积核大小为[3,64]、通道为 12 的卷积计算
    conv_3 = tf.keras.layers.Conv2D(12, [3, 64],activation=tf.nn.relu)(xs)
    # 设置卷积核大小为[5,64]、通道为 12 的卷积计算
    conv_5 = tf.keras.layers.Conv2D(12, [5, 64],activation=tf.nn.relu)(conv_3)
    # 设置卷积核大小为[7,64]、通道为 12 的卷积计算
    conv_7 = tf.keras.layers.Conv2D(12, [7, 64],activation=tf.nn.relu)(conv_5)
    # 下面分别对卷积计算的结果进行池化处理，将池化处理的结果转成二维结构
    conv_3_mean = tf.keras.layers.Flatten(tf.reduce_max(conv_3, axis=1,
keep_dims=True))
    conv_5_mean = tf.keras.layers.Flatten(tf.reduce_max(conv_5, axis=1,
keep_dims=True))
    conv_7_mean = tf.keras.layers.Flatten(tf.reduce_max(conv_7, axis=1,
keep_dims=True))
    # 连接多个卷积值
    flatten = tf.concat([conv_3_mean, conv_5_mean, conv_7_mean], axis=1)
```

```
    # 采用全连接层进行分类
    fc_1 = tf.keras.layers.Dense(128,activation=tf.nn.relu)(flatten)
    # 获取分类数据
    logits = tf.keras.layers.Dense(5,activation=tf.nn.softmax)(fc_1)
    model = tf.keras.Model(inputs=xs, outputs=logits)
return model
```

　　模型使用不同的卷积核生成了 12 个通道的卷积计算值，池化以后将数据拉伸并连接为平整结构，之后两个全连接层对数据进行最终的计算和分类判定。

　　文档分类模型所需要的 tools 函数如下所示。

【程序 12-12】

```
import re
import csv
import tensorflow as tf
#文本清理函数
def text_clearTitle_word2vec(text,n=12):
    text = text.lower()                          #将文本转化成小写字母
    text = re.sub(r"[^a-z]"," ",text)            #替换非标准字符，^是"排除"操作
    text = re.sub(r" +", " ", text)              #替换多重空格
    #text = re.sub(" ", "", text)                #替换隔断空格
    text = text.strip()                          #去除首尾空格
    text = text + " eos"                         #添加结束符
    text = text.split(" ")
    return text
#将标签转为独热编码的函数
def get_label_one_hot(list):
    values = np.array(list)
    n_values = np.max(values) + 1
    return np.eye(n_values)[values]


#获取训练集和标签函数
def get_word2vec_dataset(n = 12):
    agnews_label = []
    agnews_title = []
    agnews_train = csv.reader(open("./dataset/train.csv", "r"))
    for line in agnews_train:
        agnews_label.append(np.int(line[0]))
        agnews_title.append(text_clearTitle_word2vec(line[1]))
    from gensim.models import word2vec  # 导入 gensim 包
```

```python
    # 设置训练参数
    model = word2vec.Word2Vec(agnews_title, size=64, min_count=0, window=5)
    train_dataset = []
    for line in agnews_title:
        length = len(line)
        if length > n:
            line = line[:n]
            word2vec_matrix = (model[line])
            train_dataset.append(word2vec_matrix)
        else:
            word2vec_matrix = (model[line])
            pad_length = n - length
            pad_matrix = np.zeros([pad_length, 64]) + 1e-10
            word2vec_matrix = np.concatenate([word2vec_matrix, pad_matrix], axis=0)
            train_dataset.append(word2vec_matrix)
    train_dataset = np.expand_dims(train_dataset,3)
    label_dataset = get_label_one_hot(agnews_label)
    return train_dataset, label_dataset
#word2vec_CNN 的模型
def word2vec_CNN():
    xs = tf.keras.Input([None,None])
    # 设置卷积核大小为[3,64]、通道为 12 的卷积计算
    conv_3 = tf.keras.layers.Conv2D(12, [3, 64],activation=tf.nn.relu)(xs)
    # 设置卷积核大小为[5,64]、通道为 12 的卷积计算
    conv_5 = tf.keras.layers.Conv2D(12, [5, 64],activation=tf.nn.relu)(conv_3)
    # 设置卷积核大小为[7,64]、通道为 12 的卷积计算
    conv_7 = tf.keras.layers.Conv2D(12, [7, 64],activation=tf.nn.relu)(conv_5)
    # 下面分别对卷积计算的结果进行池化处理，将池化处理的结果转成二维结构
    conv_3_mean = tf.keras.layers.Flatten(tf.reduce_max(conv_3, axis=1,
keep_dims=True))
    conv_5_mean = tf.keras.layers.Flatten(tf.reduce_max(conv_5, axis=1,
keep_dims=True))
    conv_7_mean = tf.keras.layers.Flatten(tf.reduce_max(conv_7, axis=1,
keep_dims=True))
    # 连接多个卷积值
    flatten = tf.concat([conv_3_mean, conv_5_mean, conv_7_mean], axis=1)
    # 采用全连接层进行分类
    fc_1 = tf.keras.layers.Dense(128,activation=tf.nn.relu)(flatten)
    # 获取分类数据
    logits = tf.keras.layers.Dense(5,activation=tf.nn.softmax)(fc_1)
```

```
    model = tf.keras.Model(inputs=xs, outputs=logits)
return model
```

模型的训练较为简单，由下列代码实现：

```
import tools
import tensorflow as tf
from sklearn.model_selection import train_test_split
train_dataset,label_dataset = tools.get_word2vec_dataset() #获取数据集
#切分数据集为训练集和测试集
X_train,X_test, y_train, y_test =
train_test_split(train_dataset,label_dataset,test_size=0.1, random_state=217)
batch_size  = 12
train_data =
tf.data.Dataset.from_tensor_slices((X_train,y_train)).batch(batch_size)
model = tools.word2vec_CNN() # 使用模型进行计算
model.compile(optimizer=tf.optimizers.Adam(1e-3),
loss=tf.losses.categorical_crossentropy,metrics = ['accuracy'])
model.fit(train_data, epochs=1)
score = model.evaluate(X_test, y_test)
print("last score:",score)
```

通过对模型的训练可以看到，最终测试集的准确率应该在 80% 左右，请读者根据配置自行完成。

12.5 使用卷积对文档分类的补充内容

在上面的章节中，笔者通过不同的卷积（一维卷积和二维卷积）实现了文本的分类，并且通过使用 gensim 掌握了对文本进行词向量转化的方法。词嵌入向量是目前最常用的将文本转成向量的方法，比较适合较为复杂词袋中词组较多的情况。

使用独热编码方法对字符进行表示是一种非常简单的方法，但是由于其使用受限较大，产生的矩阵较为稀疏，因此在实用性上并不是很强，笔者在这里统一推荐使用词嵌入向量的方式对词进行处理。

可能有读者会产生疑问：使用 word2vec 的形式来计算字符的"字向量"是否可行？答案是完全可以，并且准确度相对于单纯采用独热编码形式的矩阵表示能有更好的表现和准确度。

12.5.1 中文的文本处理

一个非常简单的办法就是将中文转化成拼音的形式，使用 Python 提供的拼音库包：

```
pip install pypinyin
```

使用方法如下：

```
from pypinyin import pinyin, lazy_pinyin, Style
value = lazy_pinyin('你好')  # 不考虑多音字的情况
print(value)
```

打印结果：

```
['ni', 'hao']
```

这里不考虑多音字的普通模式和带有拼音符号的多音字字母，有兴趣的读者可以自行学习。

较为常用的对中文文本处理的方法是使用分词器进行文本分词，将分词后的词数列去除停用词和副词之后制作词嵌入向量，如图 12-35 所示。

> 在上面的章节中，笔者通过不同的卷积（一维卷积和二维卷积）实现了文本的分类，并且通过使用 gensim 掌握了对文本进行词向量转化的方法。词向量 word embedding 是目前最常用的将文本转成向量的方法，比较适合较为复杂词袋中词组较多的情况。
>
> 使用 one-hot 方法对字符进行表示是一种非常简单的方法，但是由于其使用受限较大，产生的矩阵较为稀疏，因此在实用性上并不是很强，笔者在这里统一推荐使用 word embedding 的方式对词进行处理。
>
> 可能有读者会产生疑问：使用 word2vec 的形式来计算字符的"字向量"是否可行？答案是完全可以，并且准确度相对于单纯采用 one-hot 形式的矩阵表示能有更好的表现和准确度。

图 12-35　使用分词器进行文本分词

这里对图 12-36 中的中文进行分词，并将其转化成词向量的形式来处理。

（1）第一步：读取数据

这里为了演示直接使用字符串作为数据的存储格式。对于多行文本的读取，读者可以使用 Python 类库中的文本读取工具，这在此处键入公式。里不再多做阐述。

```
text="在上面的章节中，笔者通过不同的卷积（一维卷积和二维卷积）实现了文本的分类，并且通过使用 gensim 掌握了对文本进行词向量转化的方法。词向量 word embedding 是目前最常用的将文本转成向量的方法，比较适合较为复杂词袋中词组较多的情况。使用 one-hot 方法对字符进行表示是一种非常简单的方法，但是由于其使用受限较大，产生的矩阵较为稀疏，因此在实用性上并不是很强，笔者在这里统一推荐使用 word embedding 的方式对词进行处理。可能有读者会产生疑问：使用 word2vec 的形式来计算字符的"字向量"是否可行？答案是完全可以，并且准确度相对于单纯采用 one-hot 形式的矩阵表示能有更好的表现和准确度。"
```

（2）第二步：中文文本的清理与分词

下面使用分词工具对中文文本进行分词计算。对于文本分词工具，Python 类库中最为常用的是"jieba"分词，导入如下：

```
import jieba                    #分词器
import re                       #正则表达式库包
```

对于正文的文本，首先需要对其进行清洗、剔除非标准字符，这里采用"re"正则表达式对文本进行处理，部分处理代码如下：

```
text = re.sub(r"[a-zA-Z0-9-，。""（）]"," ",text)   #替换非标准字符，^是"排除"操作
text = re.sub(r" +", " ", text)      #替换多重空格
text = re.sub(" ", "", text)         #替换隔断空格
```

处理好的文本如图 12-36 所示。

在上面的章节中作者通过不同的卷积一维卷积和二维卷积实现了文本的分类并且通过使用掌握了对文本进行词向量转化的方法词向量是目前最常用的将文本转成向量的方法比较适合较为复杂词袋中词组较多的情况使用方法对字符进行表示是一种非常简单的方法但是由于其使用受限较大产生的矩阵较为稀疏因此在实用性上并不是很强作者在这里统一推荐使用的方式对词进行处理可能有读者会产生疑问如果使用的形式来计算字符的字向量是否可行答案是完全可以并且准确度相对于单纯采用形式的矩阵表示都能有更好的表现和准确度

图 12-36　处理好的文本

可以看到文本中的数字、非中文字符以及标点符号已经被删除，并且其中由于删除非标准字符所遗留的空格也一一删除，留下的是完整的待切分文本内容。

jieba 库包是用于对中文文本进行分词的工具，分词函数如下：

```
text_list = jieba.lcut_for_search(text)
```

这里使用结巴分词对文本进行分词，之后将分词后的结果以数组的形式存储，打印结果如图12-37 所示。

['在', '上面', '的', '章节', '中', '作者', '通过', '不同', '的', '卷积', '一维', '卷积', '和', '二维', '卷积', '实现', '了', '文本', '的', '分类', '并且', '通过', '使用', '掌握', '了', '对', '文本', '进行', '词', '向量', '转化', '的', '方法', '词', '向量', '是', '目前', '最', '常用', '的', '将', '文本', '转', '成', '向量', '的', '方法', '比较', '适合', '较为', '复杂', '词', '袋中', '词组', '较', '多', '的', '情况', '使用', '方法', '对', '字符', '进行', '表示', '是', '一种', '非常', '简单', '的', '方法', '但是', '由于', '其', '使用', '受限', '较大', '产生', '的', '矩阵', '较为', '稀疏', '因此', '在', '实用', '实用性', '上', '并', '不是', '很强', '作者', '在', '这里', '统一', '推荐', '使用', '的', '方式', '对词', '进行', '处理', '可能', '有', '读者', '会', '产生', '疑问', '如果', '使用', '的', '形式', '来', '计算', '字符', '的', '字', '向量', '是否', '可行', '是', '完全', '可以', '并且', '准确', '准确度', '相对', '于', '单纯', '采用', '形式', '的', '矩阵', '表示', '都', '能', '有', '更好', '的', '表现', '和', '准确度']

图 12-37　分词后的中文文本

（3）第三步：使用 gensim 构建词向量

使用 gensim 构建词向量的方法相信读者已经较为熟悉，这里直接使用即可，代码如下：

```
from gensim.models import word2vec              # 导入 gensim 包
# 设置训练参数，注意方括号内容
model = word2vec.Word2Vec([text_list], size=50, min_count=1, window=3)
print(model["章节"])
```

有一个非常重要的细节需要注意，因为 word2vec.Word2Vec 函数接受的是一个二维数组，而本文通过 jieba 分词的结果是一个一维数组，所以需要在其上加上一个数组符号，人为构建一个新的数据结构，否则在打印词向量时会报错。

代码正确执行，等待 gensim 训练完成后打印一个字符的向量，如图 12-38 所示。

```
[ 0.00700214 -0.00771189 -0.00651557  0.00805341  0.00060104 -0.00614405
  0.00336286 -0.00911157  0.0008981   0.00469631 -0.00536773 -0.00359946
  0.0051344  -0.00519805 -0.00942803 -0.00215036 -0.00504649 -0.00531102
  0.00060753 -0.00373814 -0.00554779 -0.00814913  0.00525336 -0.00070392
  0.00515197  0.00504736 -0.00126333 -0.00581168  0.00431437  0.00871824
  0.00618446  0.00265644 -0.00094638 -0.0051491   0.00861935  0.0091601
 -0.00820806 -0.00257573 -0.00670012  0.01000227  0.00413029  0.00592533
 -0.00560609 -0.00134225  0.00945567 -0.00521776  0.00641463  0.00850249
 -0.00726161  0.0013621 ]
```

图 12-38　单个中文词的向量

完整代码如下所示：

【程序 12-13】

```
import jieba
import re
```

```
text = re.sub(r"[a-zA-Z0-9-，。""（）]","" ",text)   #替换非标准字符，^是"排除"操作
text = re.sub(r" +", " ", text)                          #替换多重空格
text = re.sub(" ", "", text)                             #替换隔断空格
print(text)
text_list = jieba.lcut_for_search(text)
from gensim.models import word2vec                       #导入 gensim 包
# 设置训练参数
model = word2vec.Word2Vec([text_list], size=50, min_count=1, window=3)
print(model["章节"])
```

后续工程，读者可以自行参考二维卷积对文本处理的模型进行下一步的计算。

12.5.2　其他细节

对于普通的本文，完全可以通过一系列的清洗和向量化处理将其转换成矩阵的形式，之后通过卷积神经网络对文本进行处理。在上一节中只是做了中文向量的词处理，缺乏主题提取、去除停用词等操作，相信读者可以自行学习并根据需要进行补全。

对于词嵌入向量构成的矩阵能否使用已有的模型进行处理（例如，在前面章节中实现的 ResNet 网络，以及加上了 Attention 机制的记忆力模型，如图 12-39 所示）？答案是可以的，笔者在文本识别的过程中同样使用了 ResNet50 作为文本模型识别器，同样可以获得不低于现有模型的准确率，有兴趣的读者可以自行验证。

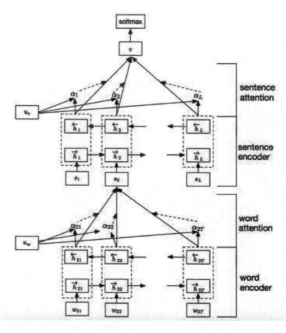

图 12-39　加上 Attention 机制后的 ResNet 模型

12.6　本章小结

卷积神经网络并不是只能对图像进行处理，本章就演示了如何使用卷积神经网络对文本进行分类的方法。对于文本处理来说，传统的基于贝叶斯分类和循环神经网络（RNN）实现的文档分类方法，卷积神经网络一样可以实现，而且效果并不差。

卷积神经网络的应用非常广泛，通过正确的数据处理和建模可以达到程序设计人员心中所要求的目标。更为重要的是，相对于循环神经网络（RNN）来说，卷积神经网络在训练过程中的训练速度更快（并发计算），处理范围更大（图矩阵），能够获取更多的相互关系（感受野）。因此，卷积神经网络在机器学习中会有越来越重要的作用。

预训练嵌入内容是本章新加入的部分，使用词嵌入向量等价于把嵌入层的网络用预训练好的参数矩阵进行初始化，但是只能初始化第一层网络参数，再高层的参数就无能为力了。

自然语言处理（NLP）任务在使用词嵌入向量时一般有两种做法：一种是 Frozen，就是词嵌入向量层的网络参数固定不动；另外一种是 Fine-Tuning，就是词嵌入向量层的参数随着训练过程被不断更新。